人工智能基础

—— 数学知识

张晓明 著

U0277618

人民邮电出版社

北京

图书在版编目（CIP）数据

人工智能基础：数学知识 / 张晓明著. -- 北京：
人民邮电出版社，2020.2
ISBN 978-7-115-52319-8

Ⅰ．①人… Ⅱ．①张… Ⅲ．①人工智能 Ⅳ.
①TP18

中国版本图书馆CIP数据核字（2019）第235937号

内 容 提 要

本书基于流行的 Python 语言，通俗易懂地介绍了入门人工智能领域必需必会的数学知识，旨在让读者轻松掌握并学以致用。

本书分为线性代数、概率和优化 3 篇，共 21 章，覆盖了人工智能领域中重要的数学知识点。

本书写作风格通俗有趣，读者可在潜移默化中掌握这些数学知识以及相关的编程操作，并能从工程落地的角度深刻理解数学在其中扮演的角色和魅力。

本书适合希望投身于人工智能领域且想有一番作为的人员阅读，还适合对人工智能领域背后的逻辑感兴趣的人员阅读。本书还可作为各大高校人工智能专业的参考用书。

◆ 著　　　　张晓明
　　责任编辑　武晓燕
　　责任印制　焦志炜

◆ 人民邮电出版社出版发行　　北京市丰台区成寿寺路 11 号
　　邮编　100164　　电子邮件　315@ptpress.com.cn
　　网址　http://www.ptpress.com.cn
　　固安县铭成印刷有限公司印刷

◆ 开本：800×1000　1/16
　　印张：13.25　　　　　　　　　2020 年 2 月第 1 版
　　字数：275 千字　　　　　　　2024 年 10 月河北第 19 次印刷

定价：55.00 元

读者服务热线：(010)81055410　印装质量热线：(010)81055316
反盗版热线：(010)81055315
广告经营许可证：京东市监广登字20170147号

作者简介

张晓明，网名"大圣"，自由职业者、独立咨询顾问、独立讲师，国内早期的竞价搜索工程师，曾在雅虎、阿里巴巴、中国移动等大型公司担任数据专家、技术总监等职务，并为广告、电商、移动运营商、互联网金融等行业提供过技术支持与服务；拥有15年以上的数据挖掘、机器学习等领域的工程经验。

他曾独立写作了《大话 Oracle RAC》《大话 Oracle Grid》《Excel 商业图表的三招两式》等图书，并独立翻译了《Oracle PL/SQL 程序设计（第 5 版）》《Ext JS 实战》《用图表说话》等图书。

他爱技术，爱分享，擅长对复杂晦涩的技术进行深入浅出的讲解。

自序

经常有学生问这样一个问题："要学习这门课程，得具备什么样的背景？"现在把这个问题延伸一下，即哪些人能从事人工智能？是必须要毕业于"985""211"这些高大上的学校吗，还是必须具备光鲜亮丽的留学经历或具备硕士、博士等头衔呢？我不敢妄下断言，正好借此机会跟大家聊聊我的成长经历。

我是一名毕业于医学专业的 5 年制本科生，学的和计算机专业没有一点关系。在大学期间，几乎所有的医学专业课（甚至选修课）都是"红灯高挂"，得益于同学的友情扶持才侥幸毕业，所以我是一名名副其实的"学渣"。大学毕业后当了 3 年医生，虽然曾经努力说服自己去喜欢这个职业，但是始终无法从望闻问切中获得快乐。整整 8 年的青春都浪费在毫无兴趣的医学专业上，其间苦乐种种，冷暖自知。

在被压在"五指山"的那几年，我的心情抑郁至极，百无聊赖中我在医院附近的夜大报了一个计算机学习班。由此开始，我与计算机、与 IT 结下了不解之缘，并从键盘的敲打中获得了极大的快乐与满足。在从医 3 年后，我毅然决然地放弃了"幸福的铁饭碗""可能的北京户口"，还放弃了"马上到手的福利房"（房子在北京的西北三环），义无反顾地投身于 IT "江湖"。

所以，和现在人工智能领域内具有硕博学历的人才和留洋人才比起来，我的正规本科学历与 IT 技术毫无关联，所受的 IT 教育也仅仅是来自于一所名不见经传的夜校，并且当时我只是学习过几门基础的计算机专业课程。至于计算机专业的相关文凭，也因为要考英语等课程而直接放弃。

进入 IT 行业之后，我从底层的程序员开始做起，大大小小、各行各业的软件开发过不少，C、C++、Java、Python 等编程语言也是驾轻就熟，信手拈来。在阿里巴巴从事 Oracle 数据库开发期间，有幸与国内最优秀的一群 Oracle 专家共事，并写作出版了口碑还不错的《大话 Oracle RAC》和《大话 Oracle Grid》图书，翻译了大部头《Oracle PL/SQL 程序设计（第 5 版）》，也算是小有成绩。

既然是从事数据工作，就一定会接触商业智能（Business Intelligence）和数据挖掘

（Data Mining）。而我的起点高得"变态"，直接就是从竞价广告开始。大量"高冷"的数学公式把连微分、积分都分不清楚的我"打"得找不着北。仿佛冥冥之中感受到了数据的召唤，我再次毅然决然地主攻数据挖掘和机器学习领域，犹如当年弃医从IT那样。需要注意的是，这一切都是发生在2008年——数据科学还不温不火的年代。当时也没有这么多随处可见的教学视频和随手可得的相关图书，只能依靠有限的几本经典图书，"生啃"各种算法。受限于学习资料的欠缺，我的数据科学学习之路相当坎坷，一个如今看来简单至极的KNN算法都需要花费很长时间去学习，至于线性回归这种在今天来看是入门级的算法，当时始终无法参透。这种学习状态持续了多年，直到有一天福至心灵，醍醐灌顶，犹如武林高手打通了任督二脉，这些"高冷"的数学公式和算法才终于不在话下。我也才得以登堂入室，一窥数据科学之奥秘。

上述这些文字不是在"卖惨"，而是想告诉各位读者，在IT技术的学习中，专业、学历、背景没有那么重要，连我这样的"学渣"（我的大学同学坚持这样认为）靠自学都可以拿下，更何况聪明的你呢？

再者，任何一个技术行业对人才的需求都是多梯度的，既需要高精尖的研究型人才，也需要实用型的工程技术人才，二者的比例基本上为"二八开"。高精尖的研究型人才固然厉害，但是需求量小，而工程技术人才更为业界亟需。

如果读者有志于投身学术，志在成为研究型人才，那么基本上就要拼一下自身的一系列条件了，比如学校出身、专业背景、师承何人、论文质量与数量等。如果读者希望能在工程应用领域有一番作为，那么相对来说还是比较容易实现的。要知道，国家都已经开始在中学阶段普及人工智能教育了，它的准入门槛能有多高呢？

当然，门槛不高并不是说没有门槛，我要做的就是尽量"拉低"门槛，希望能帮助更多有志之士快速投身于人工智能领域并大展宏图。

这是本书的目标，也是我努力的动力。

致谢

感谢我的家人，没有他们的支持，本书几无问世可能。写作本书几乎耗尽了我所有的业余时间，因此我陪伴家人的时间少得可怜，尽管他们从未表达过不满，但我依然深感愧疚。

要特别感谢我的小宝贝，每当拉着他肉嘟嘟的小手时，我都会从中获得很多鼓励。

感谢本书的插画师兼审稿人茗飘飘。飘飘同学尽管对 IT 知之甚少，但为了协助"大圣"老师我完成书稿，不得不花费大量时间自行充电学习。之所以邀请飘飘参与本书的插画创作与内容审读，一方面是希望为本书添加一些趣味与特色，另一方面则是确保本书拉低了人工智能领域的准入门槛——如果连零基础的 IT 门外妹都能看懂，相信对其他读者来说就更不是问题了。

前言

本书写作目的

"大圣"老师所有的 IT 知识均靠自学习得，从编程开发到 Linux 和网络运维，从 Oracle 数据库开发到数据挖掘，均是如此。一路走来，"大圣"老师对 IT 技术自学人员的痛点和真实需求洞若观火。

"大圣"老师在自学人工智能时，由于当时该学科尚属冷门，压根儿没有现在便利的学习环境和随处可见的学习资料（无论是图书还是视频课程），因此自学之路相当痛苦。"大圣"老师就是在这样一种艰苦的环境下，学完了线性代数、高等数学、概率统计等机器学习的入门课程。众所周知，这些课程通篇都是数学定理与公式，仿佛它们就是为考研、考博而生，至于它们能在工程中做些什么，这些课程从来没有讲到。这无形之中在打算入门人工智能行业的学习人员面前建立起了一道鸿沟，不可逾越。

如今，"大圣"老师想做一个摆渡人，愿意将自己在坎坷的学习之路中学到的知识和经验融合在本书中，帮助有心的读者跨过这条鸿沟，缩短学习路径与时间，为入门人工智能行业打下良好的数学基础。故写作本书！

本书组织结构

本书采用"提出问题、定义问题、解决问题、专家讲解"的组织方式，对人工智能领域中经常用到的一些数学知识进行了介绍。本书分为 3 篇："线性代数""概率"和"优化"，共 21 章。每篇的内容如下。

● 线性代数（第 1 ~ 12 章），介绍向量、矩阵的概念和运算，并通过向量空间模型、多项式回归、岭回归、Lasso 回归、矩阵分解等实用场景和代码帮助读者深刻理解其意义。

- 概率（第 13 ~ 18 章）介绍概率的基本概念，重点介绍频率学派的最大似然估计和贝叶斯学派的最大后验概率这两种建模方法，并通过真实的案例帮助读者理解概率建模方法并实现建模。

- 优化（第 19 ~ 21 章），介绍凸优化的理论知识，并介绍梯度下降算法、随机梯度下降算法以及逻辑回归算法的代码实现。

本书采用"边做边学"的思路来帮助读者理解所学内容，希望读者能够动手敲下书中的每一行代码，在形成最基本的肌肉记忆的同时，也能感受数学的价值。

本书内容非常通俗易懂。"大圣"老师写作本书的目的就是希望能将抽象枯燥的数学知识拉下"神坛"，因此在写作时用了很多生活化的语言来解释这些数学内容，而且还采用了一些插画对其进行直观展示。读者在阅读本书时，如果发现有些知识点不够严谨，不够"数学"，还请理解。

本书读者对象

本书适合那些对人工智能领域感兴趣，却又被其中的数学知识"吓倒"的读者阅读。

读者反馈

如果读者能够在众多人工智能领域的图书中选择并购买了本书，而且觉得它对自己很有帮助，这就是对"大圣"老师最大的褒奖与肯定。如果还能在豆瓣上写个图书评论，或在社交媒体上写几句阅读收获与感言，则会进一步激励"大圣"老师将教学与写书坚持下去。

由于"大圣"老师水平有限，虽然对本书做过多次审读与修改，但难免会有不足和疏漏之处，恳请读者批评指正。

资源与支持

本书由异步社区出品，社区（https://www.epubit.com/）为您提供相关资源和后续服务。本书相关代码可以从异步社区本书对应页面下载。

提交勘误

作者和编辑尽最大努力来确保书中内容的准确性，但难免会存在疏漏。欢迎您将发现的问题反馈给我们，帮助我们提升图书的质量。

当您发现错误时，请登录异步社区，按书名搜索，进入本书页面，选择"提交勘误"，输入勘误信息，单击"提交"按钮即可。本书的作者和编辑会对您提交的勘误进行审核，确认并接受后，您将获赠异步社区的 100 积分。积分可用于在异步社区兑换优惠券、样书或奖品。

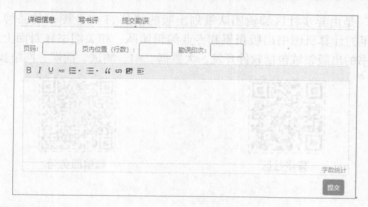

扫码关注本书

扫描下方二维码，您将会在异步社区微信服务号中看到本书信息及相关的服务提示。

与我们联系

我们的联系邮箱是 contact@epubit.com.cn。

如果您对本书有任何疑问或建议，请您发邮件给我们，并请在邮件标题中注明本书书名，以便我们更高效地做出反馈。

如果您有兴趣出版图书、录制教学视频，或者参与图书翻译、技术审校等工作，可以发邮件给我们；有意出版图书的作者也可以到异步社区在线提交投稿（直接访问 www.epubit.com/selfpublish/submission 即可）。

如果您是学校、培训机构或企业，想批量购买本书或异步社区出版的其他图书，也可以发邮件给我们。

如果您在网上发现有针对异步社区出品图书的各种形式的盗版行为，包括对图书全部或部分内容的非授权传播，请您将怀疑有侵权行为的链接发邮件给我们。您的这一举动是对作者权益的保护，也是我们持续为您提供有价值的内容的动力之源。

关于异步社区和异步图书

"异步社区"是人民邮电出版社旗下 IT 专业图书社区，致力于出版精品 IT 技术图书和相关学习产品，为作译者提供优质出版服务。异步社区创办于 2015 年 8 月，提供大量精品 IT 技术图书和电子书，以及高品质技术文章和视频课程。更多详情请访问异步社区官网 https://www.epubit.com。

"异步图书"是由异步社区编辑团队策划出版的精品 IT 专业图书的品牌，依托于人民邮电出版社近 30 年的计算机图书出版积累和专业编辑团队，相关图书在封面上印有异步图书的 LOGO。异步图书的出版领域包括软件开发、大数据、AI、测试、前端、网络技术等。

异步社区

微信服务号

目录

第一篇　线性代数

第二篇　概率

第三篇　优化

线性代数

人工智能的本质是发现事物之间的规律，然后对未来做出预测。

为了找出事物中的规律，科学家们"八仙过海、各显神通"。我们非常熟悉的莫过于基于联立方程式的方法。

比如，为了发现父亲的身高 x 和孩子身高 y 之间的关系，我们可以大胆地假设二者之间是 $y = ax + b$ 的函数关系，每当拿到一对父子的身高（x_1, y_1），我们就能写出一个方程式 $y_1 = ax_1 + b$。如果有 100 对父子的身高数据，我们就能得到由 100 个式子组成的联立方程式，通过解这个方程组得到 a 和 b，我们就找到了父子身高间的秘密了。

这种建模方式并不局限于简单的函数关系，我们还可以用于复杂的函数关系，比如假设 x, y 之间是 $y = ax^2 + b\sin x + c\sqrt{x} + d$ 的函数关系。尽管该函数关系看着很复杂，但代入数据后还是可以建立联立方程式。x 和 y 之间的秘密关系，就是联点方程式的解。

线性代数的起源就是为了求解联立方程式。只是随着研究的深入，人们发现它还有更广泛的用途。线性代数是人工智能的基础。

第1章

论线性代数的重要性

相信很多读者都听过向量、矩阵这些词语，或多或少地知道这些是一门叫作"线性代数"的课程讲述的内容。但这些东西到底能干什么？能吃吗？吃了会不会拉肚子？遗憾的是课本上从来不会告诉你。

让我们通过一个具体的应用来看看它到底能干什么！

1.1 小白的苦恼

小白来到一个新单位，作为职场新鲜人，小白迫切希望能快速融入群体，但小白不善交际，不是那种和谁都能聊五块钱的玲珑体，与人相处时"尴尬癌"也时不时地会发作，于是他希望你这个职场"老油条"给他指点迷津。

小白： "尴尬癌"怎么治？

老油条： 最好的破冰方法是从同类人入手，就是要找到与你相似的人群然后融入他们，所谓"入伙"。

小白： 那我该如何去判断和别人的相似程度呢？看颜值吗？

老油条： 这么做会有风险，而且你得能对自己有个客观的评价，你到底是丑绝人寰还是帅到掉渣。可惜大部分人都做不到这一点，所以就没法客观评价相似程度。

小⊖：呃……

老油条：不过，从每个人的喜好入手是个不错的选择，比如从吃喝玩乐上看看有没有相同趣味的，只是短时间内这种场合应该不多。另一个可行的方法是你可以观察一下同事们案头都摆着哪些书。假设你喜欢机器学习、数据挖掘、Python 开发之类的书，而小黑的案头也摆着这类书，那基本上你们是同一类"无趣"的人。如果小美的案头摆着厨艺、瑜伽、花艺相关的书，那基本上你要提前做点功课才能和小美有点共同语言了。

小⊖：茅塞顿开啊！可是具体该怎么做呢？

老油条：现在假设一共有 6 个人，我们将每个人案头上的图书用表格记录下来。另外，你可以通过观察书上的灰尘厚度、书页中口水印的数量来猜测主人对它的喜爱程度。假设把每个人对书的喜爱程度按 5 分制评分，评分越高代表越喜欢，空白代表某人案头没有这本书，于是我们就有了图 1-1 所示的一个表格。这个表格习惯上叫作用户–行为评分矩阵。

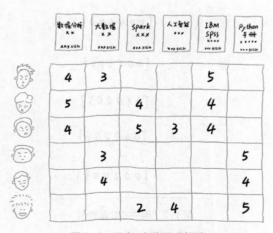

图1-1　用户–行为评分矩阵

小囗8：这个矩阵能干什么呢？

老油条：它能让你成功逆袭，登上人生巅峰！

1.2 找朋友

这个矩阵的第一个功能就是帮你找出好朋友，当然目前找的只是在阅读品味方面和你相似的人。

具体该怎么做呢？只需做些非常简单的数学计算就可以了！

首先，把每一个用户用一个向量表示，每个向量里有 6 个数字，分别代表该用户对 6 本书喜爱程度的评分。0 代表用户没看过这本书，喜爱程度不明。于是 6 个用户的向量表示可以整理成图 1-2 所示的样子。

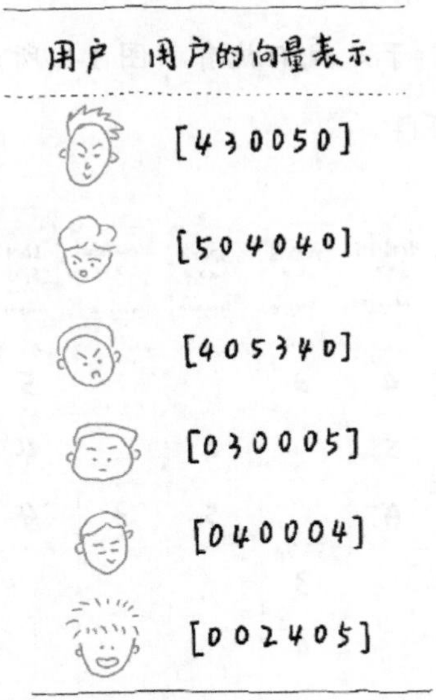

用户	用户的向量表示
	[4 3 0 0 5 0]
	[5 0 4 0 4 0]
	[4 0 5 3 4 0]
	[0 3 0 0 0 5]
	[0 4 0 0 0 4]
	[0 0 2 4 0 5]

图1-2 用户的向量表示

接下来，计算两个用户的相似性，这里使用的指标叫作余弦相似度，计算公式如下：

$$\cos(\theta) = \frac{\boldsymbol{a} \cdot \boldsymbol{b}}{\|\boldsymbol{a}\|\|\boldsymbol{b}\|}$$

其中，分子部分 $\boldsymbol{a} \cdot \boldsymbol{b}$ 表示两个向量的点积，计算方法就是两个向量对应元素先相乘再求和，比如：

$$\boldsymbol{a} = \begin{bmatrix} 4 & 3 & 0 & 0 & 5 & 0 \end{bmatrix}$$

$$\boldsymbol{b} = \begin{bmatrix} 5 & 0 & 4 & 0 & 4 & 0 \end{bmatrix}$$

$$\boldsymbol{a} \cdot \boldsymbol{b} = 4 \times 5 + 3 \times 0 + 0 \times 4 + 0 \times 0 + 5 \times 4 + 0 \times 0 = 40$$

分母部分的 $\|\boldsymbol{a}\|$ 代表向量 $\boldsymbol{a}$ 的模长，$\|\boldsymbol{a}\|\|\boldsymbol{b}\|$ 就是 $\boldsymbol{a}$、$\boldsymbol{b}$ 两个向量模长的乘积。向量模长的计算方法就是把向量中每个元素平方、求和然后再开根号：

$$\|\boldsymbol{a}\| = \sqrt{4^2 + 3^2 + 0^2 + 0^2 + 5^2 + 0^2}$$

$$\|\boldsymbol{b}\| = \sqrt{5^2 + 0^2 + 4^2 + 0^2 + 4^2 + 0^2}$$

于是，第一个用户和第二个用户的相似度就可以进行如下计算（因为 0 不影响计算结果，所以就忽略掉了）：

$$sim(\boldsymbol{a}, \boldsymbol{b}) = \frac{4 \times 5 + 5 \times 4}{\sqrt{4^2 + 3^2 + 5^2} \times \sqrt{5^2 + 4^2 + 4^2}} \approx 0.75$$

余弦相似度的值在 0 和 1 之间，值越大说明越相似，值越小说明越不相似。

分别计算小白和其他 5 个同事的相似度，然后按照从大到小的顺序排列，如图 1-3 所示。可以看到，小白和前两个同事的相似度高而和最后一个同事完全不相似。

于是，小白就可以试着和前两个同事多多交流，他们更有可能是一个圈子的。

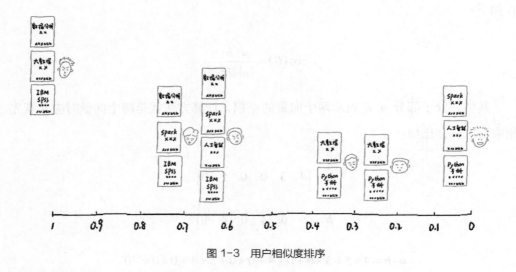

图 1-3　用户相似度排序

还可以进一步计算任何两个人之间的相似度，每个人和自己的相似度为1。得到的结果可以用图 1-4 所示的表格来记录，颜色越深代表相似度越高，这个表格叫作用户相似度矩阵。

1.00	0.75	0.63	0.22	0.30	0.00
0.75	1.00	0.91	0.00	0.00	0.16
0.63	0.91	1.00	0.00	0.00	0.40
0.22	0.00	0.00	1.00	0.97	0.64
0.30	0.00	0.00	0.97	1.00	0.53
0.00	0.16	0.40	0.64	0.53	1.00

图 1-4　用户相似度矩阵

1.3 找推荐

有了用户相似度矩阵后，就可以继续做进一步的延伸应用——推荐了。所谓推荐，就是找出同事没有看过但是可能感兴趣的图书清单并向其推荐阅读。如果推荐正确的话，那么同事会对小白的好感度上升——人生难得一知己啊。

"推荐"基于这样一个假设：兴趣相似的用户对一本书的评价应该差不多。比如张三、李四都喜欢儿童文学，张三对《皮皮鲁传》的评分很高，虽然李四没有看过这本书，但我们可以很合理地认为李四也可能会非常喜欢这本书，这时就可以把张三读过的、评价高的，而李四又没有读过的书推荐给李四。这种想法非常朴实合理，这也正是工业上广泛使用的推荐系统的思想源泉。

这个想法还可以进一步升级，不再只根据一个相似用户来做推荐，而是根据很多个相似用户做推荐。就好像一个人说电影《战狼》不错，你可能会不以为然，但如果身边的人都说《战狼》好，那你就会非常好奇，非常想看看它到底好在哪里。这种基于多人的推荐显然会更可信、更靠谱，这也符合"从众心理"。

具体操作时，可以通过计算多个相似用户的加权分数来预测小白对一本书的可能喜爱分数。

比如，和小白最相似的两个同事的阅读列表有编号为 1、3、4、5 共 4 本书，其中 1、5 这两本书小白已经看过，3、4 这两本书哪本可能更适合小白的口味呢？

可以计算这两个同事对两本书的加权评分并作为小白的可能评分，权重就是他们之间的相似度，具体计算方法如图 1-5 所示。通过计算可以看出编号为 3 的书可能更适合小白的口味，可以优先阅读。

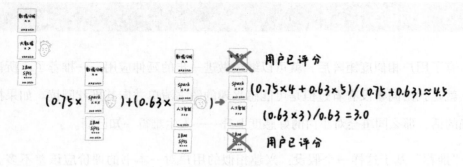

图 1-5　图书推荐（1）

　　这就是著名的推荐系统中基于用户的协同过滤算法（User-CF）的思想和计算过程。是不是很直观？

　　除了可以根据相似的人推荐图书外，还可以根据书和书之间的相似度做推荐，于是就有了基于物品的协同过滤算法（Item-CF），想法是类似的。此时出发点不是计算人和人的相似度，而是计算书和书的相似度。先把每本书用一个向量（这里用用户的评分）表示，其他计算过程和之前的完全一样，读者可自行练习。以第一本书为例，它和其他 5 本书的相似度如图 1-6 所示。

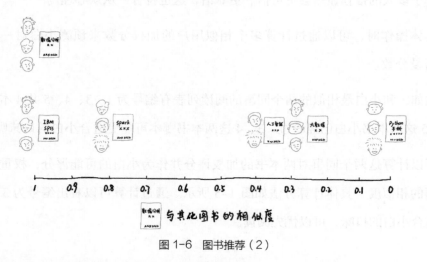

图 1-6　图书推荐（2）

　　同样，最后也会得到一个书和书之间的相似度矩阵，如图 1-7 所示。

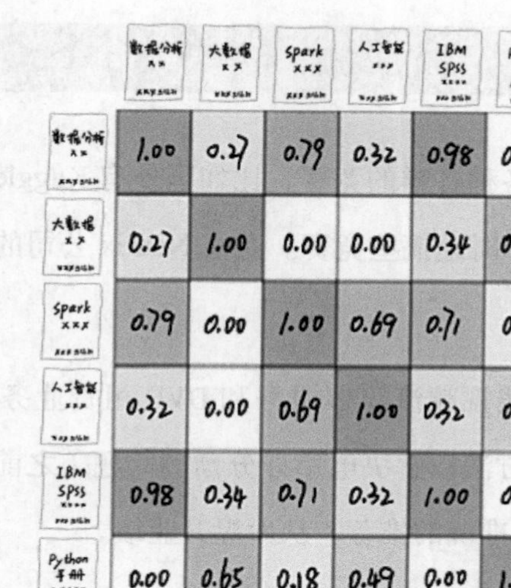

图 1-7　图书之间的相似度矩阵

同样可以对用户做出阅读推荐。以第一个用户为例，做法如下：

- 对用户 1 读过的每本书，从相似度矩阵中找出最相似的两本书，构成召回列表；
- 去掉用户已经读过的书；
- 计算召回列表中每本书的评分。

计算过程如图 1-8 所示。最终得到的推荐商品为第 3 本书（4.5 分）和第 6 本书（3 分）。

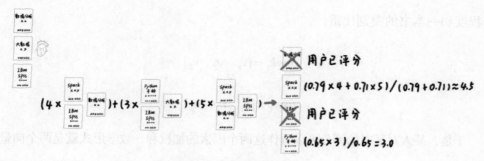

图 1-8　图书推荐（3）

1.4   赚大钱

在数据科学领域中有各种各样的竞赛，比如国外有 Kaggle，国内阿里巴巴、京东、新浪等"大厂"也时不时地搞些竞赛。其中 Netflix 公司的百万美元大赛应该是最早出现也是最出名的了。

Netflix 是一家提供在线视频流媒体服务和 DVD 租赁业务的公司。它举办竞赛的目的是为了发现更好的方法以解决电影评分预测问题（之前的例子是图书评分预测），进而向其用户做出更准确的推荐，从而提升业绩。

这个竞赛大概持续了 6 年，冠亚军的解决方案中都用到了一种名为矩阵分解的方法。这是一个非常古老的线性代数的算法，之前工业界更多是把它用在对数据的预处理（比如数据降维）上。随着推荐系统这个"杀手级"应用的出现，工业界重新认识到矩阵分解的价值，这个算法也焕发了"第二春"。

矩阵分解是线性代数中的一个重头戏，其中奇异值分解（SVD）甚至是研究生阶段的课程内容。具体的数学内容会在后面有专门介绍，这里只是介绍它的思想。

可以想象在这些图书和读者背后有一个隐含的因子，比如书的类型——科幻类、人文类、军事类。一本书对这 3 个类型可以都有所涉猎，但是类别比重不一样。一个读者对这 3 类类型的喜爱程度也不一样。可以用两个向量分别记录一个人的爱好程度和一本书的类别比重。

$$book_1 = [v_1 \quad v_2 \quad v_3]$$

$$user_1 = [u_1 \quad u_2 \quad u_3]$$

于是，某人对某书的评分可以看作这两个因素的加权和，数学形式就是两个向量的点积：

$$x_{u1,b1} = \boldsymbol{user}_1 \cdot \boldsymbol{book}_1 = u_1 v_1 + u_2 v_2 + u_3 v_3$$

对一个人、一本书是这样考虑的,如果把所有人和所有书都这样考虑,原始的评分矩阵就可以看作由两个矩阵相乘得到的,如图 1-9 所示。

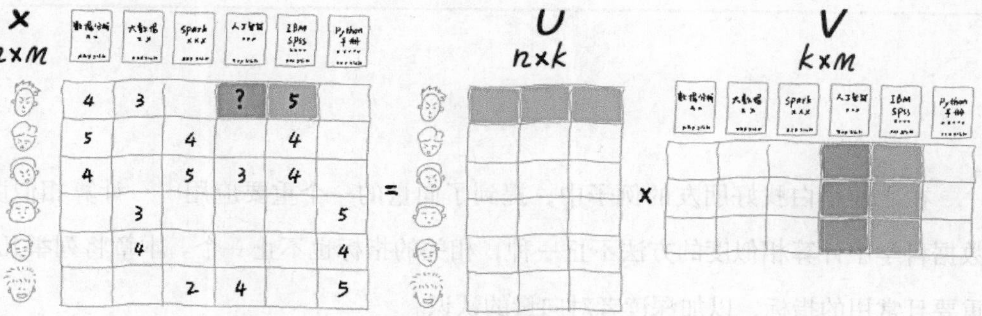

图 1-9　矩阵分解

对于第一个矩阵 U,可以这样理解:用户的爱好可以归纳成 k 种,比如科幻类、言情类、人文类,每个用户会在每个类别上有个喜好程度的评分。

第二个矩阵 V 可以这样解读,这 6 本书中一共涵盖了 3 个主题,但是每本书中 3 个主题占的篇幅比重是不一样的。

就这样的一个想法价值 100 万美元,而这个数学内容本身其实已经存在了近百年了。

这一部分例子涉及了向量、矩阵、向量运算、矩阵运算、矩阵分解等线性代数中的非常重要的内容。其实不仅仅在推荐系统中,整个机器学习都重度依赖线性代数,线性代数的重要程度可见一斑。

第**2**章
从相似到向量

在之前小白找好朋友的例子中，提到了向量的一个重要应用——计算相似度。数据科学中计算相似度的方法不止一种，相关的指标也不止一个。本章将列举几个重要且常用的指标，以加深读者对向量的认识。

2.1　问题：如何比较相似

在数据科学中，经常需要知道个体间差异的大小，进而评价个体的相似性和类别。衡量个体差异的方法有很多，有的方法是从距离的角度度量，两个个体之间的距离越近就越相似，距离越远就越不相似；有的方法是从相似的角度度量。

个体

这里的个体是个泛化的概念，个体的相似既可以是指两个人的相似、两个物品的相似，也可以是人和物品的相似、两个分布的相似、两个数据集的相似等。

2.2　代码示例

用距离衡量个体之间的差异时，距离越远说明个体差异越大，个体之间越不相似。最常用的距离就是欧式距离，它和我们中学时学过的两点间距离一样，只不过现在的点是多维空间上的点了。

欧式距离计算公式

$$dist(\boldsymbol{x}, \boldsymbol{y}) = \sqrt{\sum_{i=1}^{k}(x_i - y_i)^2}$$

公式说明：

$\boldsymbol{x}$、$\boldsymbol{y}$代表两个个体，对应着两个多维的向量；

x_i、y_i是两个向量在维度i上的值。

对应的 Python 代码如下：

如何计算距离

```
1.  import numpy as np
2.  users = ['u1','u2','u3','u4','u5','u6']
3.  #用户-行为评分矩阵
4.  rating_matrix=np.array([[4,3,0,0,5,0],
5.                          [5,0,4,0,4,0],
6.                          [4,0,5,3,4,0],
7.                          [0,3,0,0,0,5],
8.                          [0,4,0,0,0,4],
9.                          [0,0,2,4,0,5]
10.                         ])
11. #根据公式计算用户u1和u2的距离
12. d1=np.sqrt(np.sum(np.square(rating_matrix[0,:]-rating_matrix[1,:])))
13. #计算结果
14. d1
15. 5.196152422706632
```

很多工具包已经实现了绝大多数距离和相似度的计算，可以直接调用。比如scikit-learn 就提供了一次计算所有样本两两之间距离的方法，可以这样调用：

计算样本两两间的距离

```
import pandas as pd
1. from sklearn.metrics.pairwise import euclidean_distances
2. eucl_dists = euclidean_distances(rating_matrix)
3. dist_df = pd.DataFrame(eucl_dists,columns=users,index=users)
```

可以看到图 2-1 所示的结果。

	u1	u2	u3	u4	u5	u6
u1	0.000000	5.196152	6.633250	8.124038	9.615773	9.746794
u2	5.196152	0.000000	3.316625	9.539392	9.433981	9.273618
u3	6.633250	3.316625	0.000000	10.000000	9.899495	8.185353
u4	8.124038	9.539392	10.000000	0.000000	1.414214	5.385165
u5	7.615773	9.433981	9.899495	1.414214	0.000000	6.082763
u6	9.746794	9.273618	8.185353	5.385165	6.082763	0.000000

图 2-1 6个用户的距离矩阵

用户距离矩阵有以下两个特点：

- 用户距离矩阵是个方阵，对角线元素全是 0，也就是用户和自己的距离为 0；

- 用户距离矩阵是个对称阵，比如 u3 和 u4 的距离等于 u4 和 u3 的距离，都是 10。

除了使用距离，还可以使用相似度来衡量用户的相似性。常用的相似度是夹角余弦相似度，它的计算公式如下：

两个向量的夹角余弦公式

$$\cos(\theta) = \frac{\boldsymbol{a} \cdot \boldsymbol{b}}{\|\boldsymbol{a}\| \|\boldsymbol{b}\|}$$

可以用下面的代码计算两个向量的夹角余弦相似度。

两个向量的夹角余弦相似度

```
1. def mod(vec):
2.     #计算向量的模
3.     x=np.sum(vec**2)
4.     return x**0.5
5.
6. def sim(vec1,vec2):
7.     #计算两个向量的夹角余弦值
8.     s = np.dot(vec1,vec2) / mod(vec1) / mod(vec2)
9.     return s

10. #计算前两个用户的相似度
11. cos_sim = sim(rating_matrix[0],rating_matrix[1])
12. #计算结果为
13. 0.7492686492653551
```

代码解读：

- 代码 1~5 行定义了 mod 方法，该方法用于计算一个向量的模长；

- 第 6~9 行实现了夹角余弦的计算；

- 第 11 行计算用户 u1 和 u2 的夹角余弦相似度，其结果是 0.749。

同样，scikit–learn 也提供了计算所有样本两两之间的相似度并得到相似度矩阵的方法：

计算样本两两之间的相似度

```
1. from sklearn.metrics.pairwise import cosine_similarity
2. cos_sims = cosine_similarity(rating_matrix)
3. sims_df = pd.DataFrame(cos_sims, columns=users,index=users)
```

```
4.
5. sims_df
```

可以得到如图 2-2 所示的相似度矩阵。

	u1	u2	u3	u4	u5	u6
u1	1.000000	0.749269	0.626680	0.218282	0.300000	0.000000
u2	0.749269	1.000000	0.913017	0.000000	0.000000	0.157960
u3	0.626680	0.913017	1.000000	0.000000	0.000000	0.403687
u4	0.218282	0.000000	0.000000	1.000000	0.970143	0.639137
u5	0.300000	0.000000	0.000000	0.970143	1.000000	0.527046
u6	0.000000	0.157960	0.403687	0.639137	0.527046	1.000000

图 2-2   相似度矩阵

相似度矩阵具有如下特点：

- 矩阵是个方阵，对角线元素都是 1，即用户和自己的相似度最大，为 1；

- 矩阵是个对称矩阵，u1 和 u2 的相似度等于 u2 和 u1 的相似度。

我们可以借助热力图之类的工具，用可视化的方式来观察相似度矩阵，比如下面的代码用 Seaborn 中的方法绘制热力图。

用 Seaborn 中的热力图观察相似度矩阵

```
1. import seaborn as sns
2. sns.heatmap(sims_df,cmap='Reds',annot=True, fmt='.2f')
```

绘制结果如图 2-3 所示，颜色越深代表相似度越高。

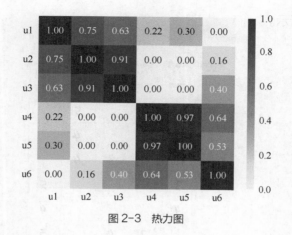

图 2-3 热力图

2.3 专家解读

数据科学领域有一个很基础、很重要的模型——向量空间模型（Vector Space Model，VSM）。该模型把要研究的对象想象成空间中的一个向量或者一个点，然后通过分析点和点之间的距离或相似性来挖掘出数据内隐藏的信息。

以图 2-4 所示的用户行为评分矩阵为例，它其实是个二维表格（矩阵从形态上看就是二维表格，相当于数据库中的一张表）。其中的每一行叫作一个样本，每一列叫作样本的一个特征，所以在这份数据集中每个人就是一个样本，每个人有 6 个特征。

于是，我们可以想象有一个六维的空间，每个特征（每本书）就是空间的一个维度，然后每个人就是这个六维空间中的一个点。

数据科学中的几大类问题都可以用向量空间模型解释，比如二分类问题。所谓二分类问题就是在空间中找到一个超平面把两类数据点完美分开，一旦找到这样的超平面，就可以用它进行预测——看数据点落在平面的哪一侧来判断它属于哪一个类别，如图 2-5 所示。

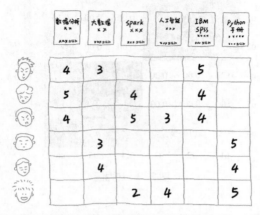

图 2-4　用户行为评分矩阵

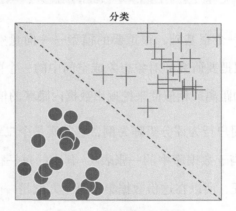

图 2-5　分类问题和VSM

　　二分类问题的应用场景非常多，比如银行的欺诈检测，即预测一个用户是否是欺诈用户，从而决定是否对其提供贷款服务。

　　而回归问题则是在空间中找到一个超平面，使其尽可能地穿过所有的点。这个平面既可以用一个方程表达，也可以用于未来的预测，如图 2-6 所示。

　　回归的场景非常多，比如根据不同地区用户的消费特点来预测投放的共享单车数量。

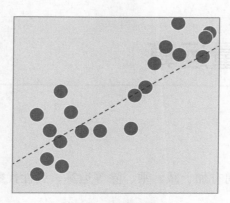

图 2-6 回归和VSM

聚类问题是根据样本之间的相似程度，把样本分成几组，让每组内部的样本尽可能相似，而组和组之间的样本则尽可能不相似。一旦完成这样的分组，就可以进行分析，找出组和组之间的区别以指导企业运营。聚类的示例如图 2-7 所示。

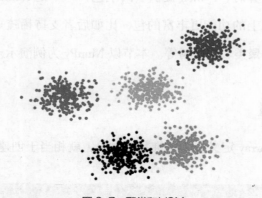

图 2-7 聚类和VSM

聚类典型的应用场景有用户价值分析和精细化运营。比如，早期的中国移动的电话卡分成神州行、动感地带、全球通 3 个品牌。这 3 个品牌针对不同的用户群体，提供不同的增值服务。这种用户群体的区分，通常就是用聚类完成的。

第 **3** 章

向量和向量运算

代数中，数字之间有加、减、乘、除等运算。线性代数中的向量也有类似的运算。

3.1 代码示例：在 Python 中使用向量

在做线性代数运算时，Python 提供了两个包：一个是 NumPy，另一个是 SciPy，后者是建立在前者之上的功能更丰富的包，比如后者支持稀疏矩阵，并内置了一些数据分析的算法，如聚类、决策树等。本节以 NumPy 为例演示。

3.1.1 创建向量

用 NumPy 的 ndarray 定义一个一维数组对象，就相当于创建了一个向量。

创建向量

```
1. import numpy as np
2. x = np.array([1,2,3,4,5])
3. y = np.array([2,5,6,3,2])
```

3.1.2 向量的范数（模长）

向量的长度，也叫作向量的二范数、模长，记作$\|a\|$，其计算公式就是我们熟悉的两点间欧氏距离公式。

对于向量 a：

$$a = \begin{pmatrix} a_1 \\ a_2 \\ \vdots \\ a_n \end{pmatrix}$$

其长度公式为

$$\|a\| = \sqrt{a_1^2 + a_2^2 + \cdots + a_n^2}$$

进行向量的特殊运算时，我们可以使用 NumPy 的 linalg 子模块（linalg 就是线性代数的缩写）。

计算向量的长度

```
1. np.linalg.norm(x)
2. #计算结果
3. 7.416198
```

3.1.3 向量的相等

如果两个向量的维数相同，并且对应元素相等，就说这两个向量相等。比如，图 3-1 中左边的两个向量相等，右边的两个向量因为维数不同所以不相等。

$$\begin{bmatrix} 1 \\ 2 \\ 3 \\ 4 \end{bmatrix} = \begin{bmatrix} 1 \\ 2 \\ 3 \\ 4 \end{bmatrix} \qquad \begin{bmatrix} 1 \\ 2 \\ 3 \\ 4 \end{bmatrix} \neq \begin{bmatrix} 1 \\ 2 \\ 3 \end{bmatrix}$$

图 3-1   向量的相等和不等

读者可以用下面的代码判断两个向量是否相等：

```
np.all(x==y)
```

代码解释：

- 我们想要的答案是两个向量是否整体相等，并不关心哪些具体元素相等、不相等（即只要结果，不问原因）；

- x==y 这个语句会对 x、y 中的对应元素进行比较，返回结果是一个由 True 或 False 组成的向量；

- np.all 检查向量中的每个元素，只有都是 True 的时候才返回 True，否则返回 False。

3.1.4   向量加法（减法）

向量的加法（减法）就是两个维度相同的向量的对应元素之间的相加（减）。NumPy 可以对两个向量直接进行加减运算。

向量的加减运算

```
1.  z = x+y
2.  #结果
3.  array([3, 7, 9, 7, 7])
```

可以从几何的角度来理解向量的加减法运算：将两个向量作为两条边，画一个平行四边形，对角线向量就是两个向量的和向量，如图 3-2 所示。

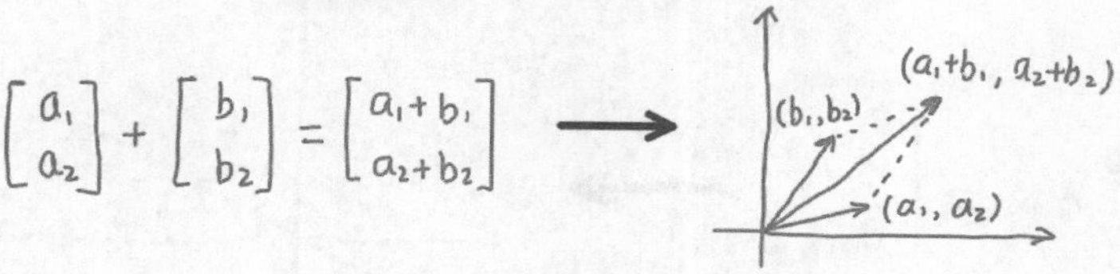

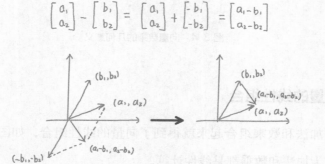

图 3-2　向量加法的几何意义

两个向量的减法的几何意义是平行四边形的另一条对角线，如图 3-3 所示。

$$\begin{bmatrix} a_1 \\ a_2 \end{bmatrix} - \begin{bmatrix} b_1 \\ b_2 \end{bmatrix} = \begin{bmatrix} a_1 \\ a_2 \end{bmatrix} + \begin{bmatrix} -b_1 \\ -b_2 \end{bmatrix} = \begin{bmatrix} a_1-b_1 \\ a_2-b_2 \end{bmatrix}$$

图 3-3　向量减法的几何意义

3.1.5　向量的数乘

向量的数乘就是向量和一个数字相乘，等于向量的各个分量都乘以相同的系数。NumPy 支持向量的数乘运算。

向量的数乘运算

```
1.  z = 10*x
2.  #结果
3.  array([10, 20, 30, 40, 50])
```

向量数乘的几何意义就是把向量拉伸了 k 倍，如图 3-4 所示。

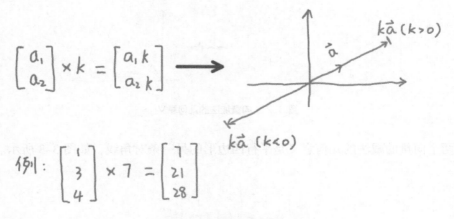

图 3-4　向量数乘的几何意义

3.1.6　向量的线性组合

　　把向量的加法和数乘组合起来就得到了向量的线性组合，如图 3–5 所示。之所以叫线性是因为加法和数乘都是线性计算。

向量的线性组合

```
1.  10* x + 5 * y
2.  #计算结果
3.  array([20, 45, 60, 55, 60])
```

$$\vec{a} = \begin{bmatrix} 1 \\ 4 \\ 7 \end{bmatrix} \quad \vec{b} = \begin{bmatrix} 2 \\ 11 \\ 6 \end{bmatrix} \quad 4\vec{a} - 6\vec{b} = \begin{bmatrix} 4-12 \\ 16-66 \\ 28-36 \end{bmatrix} = \begin{bmatrix} -8 \\ -50 \\ -8 \end{bmatrix}$$

图 3-5　向量的线性组合

　　向量的线性组合的几何意义，就是对向量先进行缩放，再按照平行四边形法则相加得到对角线向量，如图 3–6 所示。

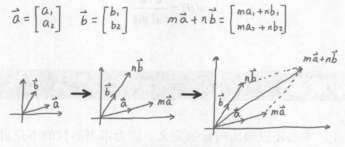

图 3-6 向量线性组合的几何意义

3.1.7 向量的乘法（点积）

两个向量的乘法（也叫点积）等于两个向量对应元素之积的和。点积运算的公式如下：

$$\begin{pmatrix} a_1 \\ a_2 \\ \vdots \\ a_n \end{pmatrix} \cdot \begin{pmatrix} b_1 \\ b_2 \\ \vdots \\ b_n \end{pmatrix} = a_1b_1 + a_2b_2 + \cdots + a_nb_n$$

向量的乘法运算

```
1. #如果直接把两个ndarray对象相乘，NumPy做的是对应元素相乘
2. x * y
3. #计算结果
4. array([2, 10, 18, 12, 10])
5. #要想实现点积，需要用numpy.dot方法
6. np.dot(x,y)
7. #计算结果
8. 52
```

两个向量的点积得到的是个数字，在数值上等于两个向量的长度和夹角余弦之积。因此两个向量的夹角余弦可以用下面的公式计算：

$$\cos(\theta) = \frac{\boldsymbol{a} \cdot \boldsymbol{b}}{\|\boldsymbol{a}\|\|\boldsymbol{b}\|}$$

3.2　专家解读

到目前为止，本书还没给出向量的定义。因为本书的目的不是讲纯数学知识，所以希望大家不要对作者给出的口语式定义过于挑剔。

把若干个数字并列放在一起，彼此之间用空格分隔，再用括号围起来，这种样子的数组就可以称为向量。如果有 n 个数字，就叫作 n 维向量。

比如，$(2, 34, 57, 23)$ 就是一个 4 维向量。

用行的方式排列的向量叫作行向量。对应地，用列的方式排列的向量叫作列向量。

习惯上，我们说向量时都是指列向量，如果是行向量，会加上一个上标符号 T，T 代表转置。向量的表示习惯如表 3–1 所示。

表 3–1　向量的表示习惯

	行向量	列向量
示例	$\boldsymbol{a} = (2, 4, 7)$	$\boldsymbol{b} = \begin{pmatrix} 2 \\ 4 \\ 7 \end{pmatrix}$
列向量表示法	$\boldsymbol{a}^{\mathrm{T}}$	$\boldsymbol{b}$

第4章

最难的事情——向量化

从事数据分析工作的人常自诩为"矿工",即从数据中挖金子的人。有一句行话叫"Garbage In,Garbage Out"。也就是说,如果你对着的是个垃圾堆而非矿山的话,你最后得到的不是金子而是垃圾。

矿山指什么? 垃圾堆又是什么? 它们都是你要面对的数据。

所以,对于数据工作来说,决定最终效果的不是算法,而是数据,是数据质量,更直接地说,就是那些代表分析对象的向量。

在一个数据项目中,分析师通常会花费 70% ～ 80% 的精力在数据的预处理上,数据的预处理其实就是把分析对象用向量表示。而剩下的 20% ～ 30% 的精力则放在训练模型、优化模型、写报告、分享交流等其他事情上。

如果说数据工作中哪一个环节最难,作者认为就是向量化,没有之一。

而且数据的向量化没有固定套路,完全是靠对业务的认识、踩坑的血泪教训经验堆出来的。

接下来看一个实际的工业需求例子。

4.1　问题：如何对文本向量化

在所有的数据任务中，"矿工"处理的都是全数字的向量，不管数据是一段文本、一张图片、一段语音还是一段视频，都必须想办法先将其转换成数字向量，然后才能愉快地"玩耍"。

文本向量化属于自然语言处理的范畴。自然语言处理是指让机器理解并解释人类写作与说话方式的能力，是人工智能的一个子领域。它有着非常广泛的应用场景，比如机器翻译、人机对话、机器客服等。

自然语言是人类智慧的结晶，自然语言处理是人工智能中最困难的问题之一。所以，对自然语言处理的研究也是充满了魅力和挑战。

自然语言处理的一个最基本的问题是：如何把一个单词转变成一个数字向量。

图 4-1 所示的就是单词的向量化，进而把一句话、一个段落、一篇文章、一本书转变成一个向量。

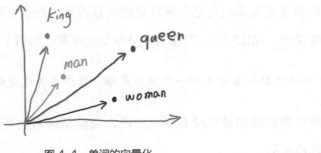

图 4-1　单词的向量化

为什么要干这件事？因为只有向量化之后才能计算距离、相似度，才能做文章分类、舆情分析这样的工作。

就单词向量化这件事而言，其实目前并没有很好的解决方法，还处于不断研究发展阶段，只不过有了一些用起来还可以、好像还不错的方法。我们不妨看看工业上都是怎么干的。

下面将介绍一个工业上广泛应用的、至今仍未被淘汰的编码方式——One-Hot Encoding。

4.2 One-Hot Encoding方式

这种编码方案的思想是这样的，首先建立一个词典，你既可以把《康熙字典》《新华字典》等上的所有词都输入计算机中，也可以只根据语料库中的词建立词典。

假设词典里就有 9 个词，分别是 man、woman……如图 4-2 所示。

Vocabulary:
man, woman, boy,
girl, prince,
princess, queen,
king, monarch

图 4-2　词典中一共有9个词

然后做如下设计：

- 由于词典的长度是 9，所以每个单词最终都是一个 9 维的向量；
- 每个单词向量的长度等于字典长度，向量的每个维度对应着一个词，词的先后顺序无所谓；
- 每个单词向量中，只有这个词对应的维度是 1，其他位置都是 0；

比如在图 4-2 的单词的向量化例子中，字典中一共有 9 个单词，所以字典长度就是 9，于是每个词向量的长度也是 9。

假设词向量的第一个维度对应 man 这个单词，那么对于 man 这个词，就会被编码成 [1 0 0 0 0 0 0 0 0]，第一个维度是 1，其他维度都是 0。其他单词都按照相同的方式编码，于是就有图 4-3 所示的编码结果，其中每一行对应着一个单词的最终编码。

维度 单词	1	2	3	4	5	6	7	8	9
man	1	0	0	0	0	0	0	0	0
woman	0	1	0	0	0	0	0	0	0
boy	0	0	1	0	0	0	0	0	0
girl	0	0	0	1	0	0	0	0	0
prince	0	0	0	0	1	0	0	0	0
princess	0	0	0	0	0	1	0	0	0
queen	0	0	0	0	0	0	1	0	0
king	0	0	0	0	0	0	0	1	0
monarch	0	0	0	0	0	0	0	0	1

图 4-3　编码表

这就是著名的 One-Hot Encoding。有人翻译成独热编码，相应的，得到的结果向量叫作独热向量。独热是指整个向量中只有一个热点，其他位置都"冷冷清清"的。

对于这样的一种向量化做法，你的第一感觉是什么？太儿戏了，太粗糙了，还是太聪明了？不管怎样，这的确是工业上广泛使用的编码方式。

单词向量化的方法已经有了，那么一句话、一个段落、一篇文章该怎么向量化呢？

比如，语料库有 4 句话，那么可以把它们想象成 4 篇文章。如何把这 4 句话转化成向量形式呢?

这 4 句话如下。

小贝来到北京清华大学

小花来到了网易杭研大厦

小明硕士毕业于中国科学院

小明爱北京小明爱北京天安门

目前通用的做法是把所有词的向量相加,将得到的结果向量作为文章的向量。但具体实现时又会有细节上的不同。

4.2.1 做法1:二值化

这种方法得到的文章向量中会体现一个词是否出现,出现记 1,否则记 0。按照这种方法,之前那 4 句话得到的向量如图 4-4 所示。

句子 \ 词	中国	北京	大厦	天安门	小明	小花	小贝	来到	杭研	毕业	清华大学	硕士	科学院	网易
小贝来到北京清华大学	0	1	0	0	0	0	1	1	0	0	1	0	0	0
小花来到了网易杭研大厦	0	0	1	0	0	1	0	1	1	0	0	0	0	1
小明硕士毕业于中国科学院	1	0	0	0	1	0	0	0	0	1	0	1	1	0
小明爱北京小明爱北京天安门	0	1	0	1	1	0	0	0	0	0	0	0	0	0

图 4-4 二值化编码

比如,第 4 句话中"小明""北京"两个词都出现了两次,但由于只关心出现与否,不关心出现次数,所以记录的都是 1。

在 scikit-learn 中,可以用如下代码来完成这个编码过程。

用 scikit-learn 完成二值化编码

```
1. from sklearn.feature_extraction.text import CountVectorizer
2. vectorizer = CountVectorizer(min_df=1,binary=True)
3. data = vectorizer.fit_transform(corpus)
```

运行这段代码，会得到图 4-4 所示的结果。

4.2.2　做法 2：词频法

词频（term frequency）法就是把文章中所有单词的向量做加法运算，相当于记录每个单词的出现频次。

比如，还是之前的 4 句话，使用词频法得到的向量如图 4-5 所示。

句子＼词	中国	北京	大厦	天安门	小明	小花	小贝	来到	杭研	毕业	清华大学	硕士	科学院	网易
小贝来到北京清华大学	0	1	0	0	0	0	1	1	0	0	1	0	0	0
小花来到了网易杭研大厦	0	0	1	0	0	1	0	1	1	0	0	0	0	1
小明硕士毕业于中国科学院	1	0	0	0	1	0	0	0	0	1	0	1	1	0
小明爱北京小明爱北京天安门	0	2	0	1	2	0	0	0	0	0	0	0	0	0

图 4-5　词频法编码

第 4 句话"小明""北京"出现了两次，所以对应维度是 2。

可以用 scikit-learn 非常容易地完成这个编码：

用 scikit-learn 完成词频法编码

```
1. from sklearn.feature_extraction.text import CountVectorizer
2. #把binary参数设置为False即可
3. vectorizer = CountVectorizer(min_df=1,binary=False)
4. data = vectorizer.fit_transform(corpus)
5.
```

4.2.3　做法 3：TF-IDF

TF-IDF 法在词频法的基础上进行了改进。它对每个单词出现的次数做了修正，对于那些常见词，比如"你""我""他""是"这样一些毫无区分度、在所有文章中都会大量出现的单词降低了它的频次，从而减少这个维度的重要性。

而对于一些非常罕见、有非常强的区分能力的单词，TF-IDF 会调高它的频次。比如"信息熵"，这是个非常冷门的计算机术语，只会出现在一些专业论文里，不出现则已，一出现则锋芒毕现。像这样的词，要提升它的重要性。

上面 4 句话经过 TF-IDF 编码后，得到的结果如图 4-6 所示。

	中国	北京	大厦	天安门	小明	小花	小贝	来到	杭研	毕业	清华大学	硕士	科学院	网易
小贝来到北京清华大学	0.00	0.44	0.00	0.00	0.00	0.00	0.56	0.44	0.00	0.00	0.56	0.00	0.00	0.00
小花来到了网易杭研大厦	0.00	0.00	0.47	0.00	0.00	0.47	0.00	0.37	0.47	0.00	0.00	0.00	0.00	0.47
小明硕士毕业于中国科学院	0.47	0.00	0.00	0.00	0.37	0.00	0.00	0.00	0.00	0.47	0.00	0.47	0.47	0.00
小明爱北京小明爱北京天安门	0.00	0.65	0.00	0.41	0.65	0.00	0.00	0.00	0.00	0.00	0.00	0.00	0.00	0.00

图 4-6　TF-IDF 编码

同样，用 scikit-learn 可以很容易地实现这种编码：

用 scikit-learn 实现 TF-IDF 编码

```
1. vectorizer = TfidfVectorizer(min_df=1)
2. data = vectorizer.fit_transform(corpus)
3. features = vectorizer.get_feature_names()
```

一旦文档转化成了向量，接下来就需要根据具体目的来选择具体的方法，分类问题就用分类算法，回归问题就用回归算法。

4.3   专家解读

One-Hot Encoding 方式得到的向量通常叫作稀疏向量，和稀疏向量相对应的是稠密向量。下面先了解这两种表示法的区别。

4.3.1   稀疏向量和稠密向量

假设字典里有 10 万个单词，那么每个单词向量都是一个 10 万维的向量，其中只有 1 个位置的值非零，而其他 99 999 个位置都是 0。这种大部分元素都是 0，只有少部分元素非零的向量就是稀疏向量。与它相对的就是稠密向量。稀疏还是稠密的界限其实并没有严格定义，你觉得非零的比例为 10% 或者 20% 都可以。

对于稀疏向量来说，它的存储和计算都需要做额外的优化。比如存储时，没有必要记录那么多个 0，可以只记录非零元素的位置和值，这就是所谓的坐标表示法。当然还有很多其他的记录方法，感兴趣的读者请自行搜索。

另外，稀疏向量做运算时也可以优化，比如两个单词向量相加，没有必要把 10 万个位置都加一遍，只需要把两个向量的非零位置相加就可以。

所以，稀疏向量的存储和使用都需要额外的技巧，但这属于一个纯工程的问题，和数据科学本身没有太大的关系，读者只需要知道有这回事就好了。

工业上有一种通用的数据格式叫 libsvm 格式，如图 4-7 所示。

libsvm 数据格式说明

libsvm 是一个 SVM 软件包。该软件使用的数据格式被称为 libsvm 格式。每一行内容的格式如下所示：

label index1:value1 index2:value2 …

其中：

- label 为样本的标签；
- index 为特征的编号，有些人习惯从 0 开始编号，有的人习惯从 1 开始编号，需要注意区分；
- value 为特征的值。

```
1  2:1  9:1  10:1  20:1  29:1  33:1  35:1  39:1  40:1  52:1  57:1  64:1  68:1  76:1  85:1  87:1
0  2:1  9:1  19:1  20:1  22:1  33:1  35:1  38:1  40:1  52:1  55:1  64:1  68:1  76:1  85:1  87:1
0  0:1  9:1  18:1  20:1  23:1  33:1  35:1  38:1  41:1  52:1  55:1  64:1  68:1  76:1  85:1  87:1
1  2:1  8:1  18:1  20:1  29:1  33:1  35:1  39:1  41:1  52:1  57:1  64:1  76:1  85:1  87:1
0  2:1  9:1  13:1  21:1  28:1  33:1  36:1  38:1  40:1  53:1  57:1  64:1  68:1  76:1  85:1  87:1
0  2:1  8:1  19:1  20:1  22:1  33:1  35:1  38:1  41:1  52:1  55:1  64:1  68:1  76:1  85:1  87:1
0  0:1  9:1  19:1  20:1  22:1  33:1  35:1  38:1  44:1  52:1  55:1  64:1  68:1  76:1  85:1  87:1
1  2:1  8:1  18:1  20:1  29:1  33:1  35:1  39:1  47:1  52:1  57:1  64:1  68:1  76:1  85:1  87:1
0  0:1  9:1  19:1  20:1  22:1  33:1  35:1  38:1  44:1  52:1  55:1  64:1  68:1  76:1  85:1  87:1
0  2:1  8:1  19:1  20:1  23:1  33:1  35:1  38:1  44:1  52:1  55:1  64:1  68:1  76:1  85:1  87:1
0  2:1  9:1  19:1  20:1  22:1  33:1  35:1  38:1  41:1  52:1  55:1  64:1  68:1  76:1  85:1  87:1
0  0:1  label index1:valuel index2:value2…       76:1  85:1  87:1
0  2:1                                            76:1  85:1  87:1
0  5:1                                            76:1  85:1  87:1
0  3:1  6:1  18:1  21:1  28:1  33:1  36:1  38:1  40:1  53:1  57:1  64:1  68:1  76:1  85:1  87:1
1  2:1  9:1  10:1  20:1  29:1  33:1  35:1  39:1  41:1  52:1  57:1  64:1  68:1  76:1  85:1  87:1
1  2:1  8:1  19:1  20:1  29:1  33:1  35:1  39:1  41:1  52:1  57:1  64:1  68:1  76:1  85:1  87:1
1  2:1  9:1  10:1  20:1  29:1  33:1  35:1  39:1  40:1  52:1  57:1  64:1  68:1  76:1  85:1  87:1
```

图 4-7　libsvm 格式

这种数据记录格式就是稀疏向量的坐标法记录格式。

4.3.2 One-Hot 到 Word2Vec

One-Hot Encoding 方式的最大问题是单词的编码不能体现词义，对于任何两个单词向量而言，它们的夹角余弦相似度都是 0，欧式距离都是 $\sqrt{2}$。在这种情况下，词义的关系完全体现不出来。例如，说“美丽”和“优雅”“跑步”这两个词的相似度完全一样，显然不合理。

近几年工业上一个比较成功的解决方案是谷歌出品的 Word2Vec。顾名思义，这个解决方案做的就是 word to vector 这件事。关于这个方案的技术细节这里不展开讲解，但是可以先看看它的效果。

首先，Word2Vec 得到的词向量是稠密向量，它的维度数量是用户自己控制的，你想要 100 维就给你 100 维，想要 1000 维就给你 1000 维，而且基本上不会有维度值为 0 的情况。

其次，词向量之间可以做相似性比较。换句话说，我们可以认为机器学习到了单词的一些语义信息，比如它可以实现图 4-8 所示的效果。

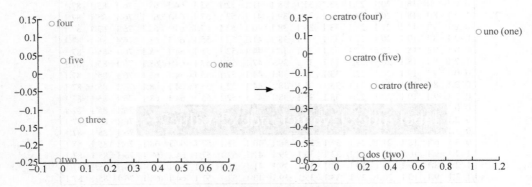

图 4-8　Word2Vec的效果图（1）

图 4-8 的左边是几个英文数字单词的向量表示，右边是同样几个数字的法文单词的向量表示。你会惊奇地发现，两种语言的向量差不多是重合的。

Word2Vec 还能达到图 4-9 所示的效果：左边这幅图显示的是学习到名词在性别上的差异，右边这幅图显示的是学习到动词在时态上的差异。

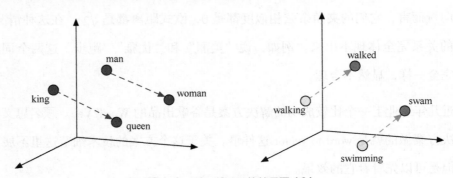

图 4-9　Word2Vec的效果图（2）

　　这些成果看起来很惊人，但其实离真正理解词意还有很长的路要走。所以比尔·盖茨表示："语言理解是人工智能领域皇冠上的明珠。"微软副总裁沈向洋也说："懂语言者得天下……人工智能对人类影响最为深刻的就是自然语言方面。"微软亚洲研究院副院长周明表示："相比于趋于饱和的计算机视觉和语音识别技术，自然语言处理因技术难度太大、应用场景太复杂，研究成果还未达到足够的高度。"

第 **5** 章

从线性方程组到矩阵

星期一的早晨，经理交给小白一个任务：预测每天商品的销量。经理提供了一份图 5-1 所示的数据。

instant	dteday	temp	atemp	hum	windspeed	holiday	cnt
1	2017-01-01	0.344 167	0.363 625	0.805 833	0.160 446	0	985
2	2017-01-02	0.363 478	0.353 739	0.696 087	0.248 539	0	801
3	2017-01-03	0.196 364	0.189 405	0.437 273	0.248 309	0	1349
4	2017-01-04	0.200 000	0.212 122	0.590 435	0.160 296	0	1562
5	2017-01-05	0.226 957	0.229 270	0.436 957	0.186 900	0	1600

图 5-1　数据样本（后面使用该数据时需要进行截断处理，只保留小数点后 3 位）

各列的含义如下：

- 第 1 列是 ID，没有意义，可以忽略；

- 第 2 列为日期；

- 第 3 列为气温；

- 第 4 列为地表温度；

- 第 5 列为空气湿度；

- 第 6 列为风速；

- 第 7 列为是否节假日，0 代表否，1 代表是；

- 最后一列为当天的商品销量。

看起来这个商品的销量和天气相关，猜猜它是什么。

经理说时间紧、任务重，公司大佬正在会议室等着报告呢！

刚刚才搞懂向量的小白只能硬着头皮冲了。只用前面几章学到的知识，小白能否给出一个解决方案呢？

当然可以，找相似啊！

我们可以这么考虑，目前拿到的数据主要是每天的气象情况，包括温度、湿度、风力。哦，还有是不是节假日。根据直觉，这些因素都会影响销量。

既然想预测某天的销量，就可以根据那一天的气象数据、是否节假日，从历史数据中找出最相似的 k 天，然后把这些天的销量做一个平均，将其作为预测就行，因为历史总是在不断地重复、重复、再重复。这就是著名的 k 最近邻（k-nearest neighbor，KNN）算法。

另外，对原始数据还可以做深加工，比如根据日期可以知道当天的季节，可以知道当天是星期几、是不是工作日，这些信息对于预测都有帮助。可以将这些数据提取出来构成样本向量，这就是所谓的特征工程，其实就是一个开脑洞的过程，想方设法地从犄角旮旯挖出更多"猛料"。

上面这种基于相似天气的方法绝对没有问题，不过本章要学习的是另一种方法——基于回归的预测。

5.1 回归预测

对于类似的问题，一个不错的方法是套用回归模型。最简单的回归是线性回归，就是建立下面这样一个公式：

$$y = a_1x_1 + a_2x_2 + \cdots + a_mx_m + b$$

其中：

- y 是关心的目标，在这个问题里代表每天的商品销量；

- x_1，x_2，$\cdots$，x_m 是数据中的特征，比如温度、是否节假日等；

- a_1，a_2，$\cdots$，a_m 是特征的系数；

- b 是截距项。

一旦能够得到这样一个方程，就可以把未来某一天（第 i 天）的 x_i 代入方程算出那天的 y，这就是所谓的回归预测。

通常来说，可以把截距项 b 当作一个新特征的系数，这个特征在所有样本上的值都是 1。这样做的目的是把整个公式的各项都统一成 a_ix_i 的形式。于是，原始公式就可以写成这样：

$$y = \sum_{i=1}^{m+1} a_ix_i$$

而这个样子不正好是两个向量点积的形式吗？

在这个模型中，x、y 是已知量，就是提供的数据。系数 a_i 是未知量，所以后续的工作就是利用数据求取未知系数 a_i。

把数据代入到这个公式中，会得到若干个方程（有多少条样本就有多少个方程）构成的方程组。依据现有的数据，这个方程组如下所示，原谅作者的"懒癌"犯了，只写第一个方程，其他的类推好了：

$$\begin{cases} a_1 \times 0.344 + a_2 \times 0.363 + a_3 \times 0.805 + a_4 \times 0.160 + a_5 \times 0 + a_6 = 985 \\ \dots \\ \dots \\ \dots \\ \dots \end{cases}$$

所以，回归问题其实就是解方程组求未知系数 a_i 的问题，而且每个方程都是最简单的线性方程。

简单吗？貌似很简单，解方程组谁不会啊？不过就是麻烦点呗。

但仔细想一下，这个方程组是什么样的。如果有 n 个样本、m 个特征，那其实是一个由 n 个方程、$m+1$ 个未知量组成的方程组，通常 $n \gg m$。根据中学学过的数学知识，这样的方程组是不可解的，至少是没有解析解的。

暂且把怎么解放在一边，先看看这个方程组和线性代数有什么关系吧。

5.2 从方程组到矩阵

以一个最简单的方程组为例：

$$\begin{cases} a_1 x_{11} + a_2 x_{12} + a_3 = y_1 \\ a_1 x_{21} + a_2 x_{22} + a_3 = y_2 \end{cases}$$

注意，这个方程组和我们熟悉的中学方程组不一样，其中的未知量是 a_i，而 x、y 是已知量。

为了节省笔墨，可以将其抽象成下面这样：

$$\begin{pmatrix} x_{11} & x_{12} & 1 \\ x_{21} & x_{22} & 1 \end{pmatrix} \begin{pmatrix} a_1 \\ a_2 \\ a_3 \end{pmatrix} = \begin{pmatrix} y_1 \\ y_2 \end{pmatrix}$$

左边这列是矩阵，也可以叫方程组的系数矩阵，中间这一列是未知向量，右边这一列是结果向量。

所以，所谓矩阵就是一个二维的数字表格。人们约定俗成地用大写字母的黑斜体表示矩阵，比如 A；用小写字母的黑斜体表示向量，比如 b，有的时候为了强调它是个向量还会加上一个"帽子"，如 $\vec{b}$。不过在线性代数的语境中，很多时候就用 b 表示，"帽子"就不戴了，读者只需记住小写字母 y 代表向量就好。所以上面的方程组可以表示成：

$$Xa = y$$

从方程组到矩阵的过程不是生拉硬拽地"拉郎配"，历史上线性代数最初的作用就是解方程组，而且矩阵和向量最初的起源也是如此。只不过后来随着研究的深入，矩阵和向量开始成为独立的数学工具，而不再局限于解方程组了。

5.3　工程中的方程组

哲学有 3 个终极命题：我是谁？从哪里来？到哪里去？

大学中"线性代数"也有 3 个终极问题：

* 方程组是否有解？

* 如果有解，是唯一解还是多个解？

* 如果有多个解，多个解有什么样的关系？

围绕这些问题，会有一大堆的概念和方法出现，比如解方程组用高斯消元法、行列式、矩阵的秩、矩阵的迹等。

对于这些内容（所有和解方程组有关的内容），作者的建议是在思想上重视，在行动上无视。换句话说，对这些概念要知道含义，但是计算什么的，不会就不会吧。当然，如果读者是要考研的话就另说了！

我的浅薄的中学数学知识告诉我，如果有 n 个未知量，要想找到唯一解，方程组中方程的数量应该也恰好有 n 个；如果不足 n 个，那就可能没有唯一解；如果多于 n 个，那就可能无解。

比如，方程 $2x + 3y = 9$ 肯定没有唯一解。而下面这个方程组无解：

$$\begin{cases} 2x+3y=9 \\ x+\ y=8 \\ 2x-\ y=10 \\ 4x+\ y=11 \end{cases}$$

一个好消息是，在工程中遇到的基本都是后面这种方程组，基本无解，准确地说是没有解析解。

我们在中学都死记硬背过，一元二次方程 $ax^2 + bx + c = 0(b^2 - 4ac \geqslant 0)$ 的解是 $x = \dfrac{-b \pm \sqrt{b^2 - 4ac}}{2a}$ ，这是所谓的解析解，因为只要给出 a、b 和 c，不管张三还是李四都能得到一样的结果。

而所谓的数值解，就是在明明无解的情况下，硬要找出一个所谓的"最优解"，这个解不能使方程成立，但是却能使其偏差最小，这就是所谓的数值解。在不同的场景下，对这个"最优"有着不同的定义。

所以，在数据科学的工程问题上，人们都是在找一个所谓的最优解！

一个坏消息是，由于工程中的方程组没有解析解，所以线性代数中的很多知识没了用武之地。我们要用更加复杂的数学方法去寻找数值解，比如说梯度下降的方法。在这里，作者先挖了个大大的坑，然后用后面的"优化论"去填坑。

第 **6** 章

空间、子空间、方程组的解

现在我们已经认识了什么是矩阵，也见识了矩阵和方程组的关系。下面换个角度来重新审视矩阵。对于下面这样一个矩阵：

$$\begin{pmatrix} x_{11} & x_{12} & \cdots & x_{1m} \\ x_{21} & x_{22} & \cdots & x_{2m} \\ \vdots & \vdots & & \vdots \\ x_{n1} & x_{n2} & \cdots & x_{nm} \end{pmatrix}$$

可以把这个矩阵看作一个行向量，其中的每一个元素又是一个列向量，也就是这样：

$$(x_1, x_2, \cdots, x_m)$$

这样表示并没有改变矩阵本质，只不过换成了"圆环套圆环"的玩法。现在原始方程组可以这样表示：

$$(x_1, x_2, \cdots, x_m) \begin{pmatrix} a_1 \\ a_2 \\ \vdots \\ a_m \end{pmatrix} = \begin{pmatrix} y_1 \\ y_2 \\ \vdots \\ y_n \end{pmatrix}$$

再做一点变形，就会得到：

$$a_1 x_1 + a_2 x_2 + \cdots + a_m x_m = y$$

这个式子就是本章的重点：

- 首先，看等式的左边，表达的是 m 个列向量 $x_1, \cdots, x_m$ 的线性组合；

- 再看等式的右边，还是个列向量 y。

所以，现在这个方程组可以重新解读为：m 个列向量通过某种线性组合得到了列向量 y，解方程组就是寻找合适的组合系数 $a_1, \cdots, a_m$。

6.1　空间和子空间

现在，请考虑这样一件事情：只看等式左边的向量组合，如果对这几个列向量做任意组合，或者说让 $a_1, \cdots, a_m$ 取遍所有可能的实数值，请问会得到什么？

答：会得到一个生成空间（spaning space），如果这个空间包含零点，那它就叫子空间。包含零点很容易，只要让所有系数 a_i 为 0，那就会得到一个零向量，这就是所谓的零点。

这就是线性代数中空间和子空间的概念，子空间的概念会更常用到。线性代数中重要的子空间又有 4 种之多。比如，如果把矩阵看作列向量的集合，对列向量进行线性组合得到的子空间叫作列空间。

下面看一些例子。

例 1. 矩阵 $\begin{pmatrix} 0 \\ 0 \end{pmatrix}$ 构成的子空间是什么？

根据子空间的概念，这个矩阵只有一个列向量 $x = \begin{pmatrix} 0 \\ 0 \end{pmatrix}$，它的所有可能的线性组合都是 ax，不管怎么组合得到的结果还是 $\begin{pmatrix} 0 \\ 0 \end{pmatrix}$，所以它的子空间就是一个点。

再看个例子。

例 2. 矩阵 $\begin{pmatrix} 0 \\ 1 \end{pmatrix}$ 构成的子空间是什么?

相同的想法,向量 $\boldsymbol{x} = \begin{pmatrix} 0 \\ 1 \end{pmatrix}$ 的所有可能线性组合就是 $a\boldsymbol{x}$,所以从几何意义上讲,它的子空间就是一条直线。

看最后一个例子。

例 3. 矩阵 $\begin{pmatrix} 0 & 0 \\ 0 & 1 \\ 1 & 0 \end{pmatrix}$ 构成的子空间是什么?

这个矩阵有两个列向量 $\boldsymbol{x}_1 = \begin{pmatrix} 0 \\ 0 \\ 1 \end{pmatrix}$, $\boldsymbol{x}_2 = \begin{pmatrix} 0 \\ 1 \\ 0 \end{pmatrix}$,按照子空间的定义,所有线性组合就是 $a\boldsymbol{x}_1 + b\boldsymbol{x}_2$,从几何意义上讲,它构成的子空间就是一个平面。

6.2　子空间有什么用

子空间可以帮助我们理解方程组的解。比如下面这个方程组:

$$\begin{cases} 2x - y = 1 \\ x + y = 5 \end{cases}$$

方程组的解是:

$$\begin{cases} x = 2 \\ y = 3 \end{cases}$$

读者可以这么理解方程组的含义:

$$\binom{2}{1}x + \binom{-1}{1}y = \binom{1}{5}$$

从几何意义来看，方程组表示的就是通过两个向量的线性组合得到第三个向量。而方程组的解就是两个向量的组合系数，如图 6-1 所示。

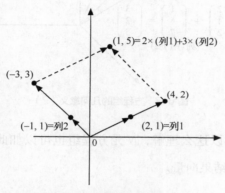

图 6-1 方程组的几何意义（1）

类似的想法也可以用于三元方程组：

$$\begin{cases} 2x_1 + x_2 + x_3 = 5 \\ 4x_1 - 6x_2 = -2 \\ -2x_1 + 7x_2 + 2x_3 = 9 \end{cases}$$

这个方程组可以看成：

$$\begin{pmatrix} 2 \\ 4 \\ -2 \end{pmatrix}x_1 + \begin{pmatrix} 1 \\ -6 \\ 7 \end{pmatrix}x_2 + \begin{pmatrix} 1 \\ 0 \\ 2 \end{pmatrix}x_3 = \begin{pmatrix} 5 \\ -2 \\ 9 \end{pmatrix}$$

于是方程组的几何含义就变成了 3 个向量如何线性组合才能得到第 4 个向量的问题。这时的 x_1、x_2、x_3 就是对 3 个向量的缩放倍数了，如图 6-2 所示。

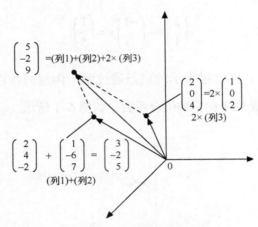

图 6-2　方程组的几何意义（2）

　　三元一次方程组可以这么理解，N 元方程组也可以如此类推：N 维空间中的 N 个向量线性组合以得到结果向量。

　　对于那些无解的方程组，其几何意义如图 6–3 所示。矩阵 X 的列空间是一个平面，向量 y 并不在这个平面上，而是在平面之外，所以找不到解析解。

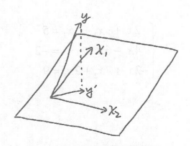

图 6-3　最优解的几何意义

6.3　所谓最优解指什么

　　既然找不到解析解，那不妨退而求其次找个差不多的最优解。但这个最优解的几何意义是什么呢？

其实是在矩阵 x 的列空间上寻找一个和 y 最近的向量 y'，然后求解 $Xa = y'$，这时得到的解就是所谓的最优解。

而这个最近的向量 y'，其实是向量 y 在列空间上的投影，如图 6–3 所示。在二维空间上我们还能画出来，到了高维空间就画不出来了，所以就需要读者的想象力了。

第**7**章

矩阵和矩阵运算

在 Python 中可以使用 NumPy 进行各种矩阵的运算。对于一些特殊的矩阵运算，可以借助 numpy.linalg 中的功能完成。

7.1 认识矩阵

矩阵就是个 n 行 m 列的二维表格。如果行数和列数相等，即 $n = m$，这样的矩阵就是方阵，否则就是非方阵。一个 n 行 n 列的方阵习惯上被叫作 n 阶方阵。

从形态上讲，矩阵可以分为方阵和非方阵两大类，方阵又有一些特殊形态，重要的包括对角矩阵、单位矩阵、对称矩阵。

$$
矩阵
\begin{cases}
方阵
\begin{cases}
对角矩阵 \\
单位矩阵 \\
对称矩阵
\end{cases} \\
非方阵
\end{cases}
$$

就像正方形会有对角线一样，方阵也有条对角线。比如，下面这条从左上到右下的由★元素组成的线就是方阵的对角线。

$$\begin{pmatrix} \bigstar & \ast & \ast & \ast \\ \ast & \bigstar & \ast & \ast \\ \ast & \ast & \bigstar & \ast \\ \ast & \ast & \ast & \bigstar \end{pmatrix}$$

下面通过示例代码来演示创建矩阵的方法。

7.2 创建矩阵

NumPy 中有两种数据结构都可以用于矩阵：ndarray 和 matrix。ndarray 是个广义的数组，既可以表示向量，也可以表示矩阵，甚至可以表示更高维度的张量。matrix 是专门针对矩阵的数据结构，是个二维数组。虽然两种数据结构都能支持矩阵运算，不过在细节上会有些差异。下面的代码统一用 matrix 来演示。

7.2.1 代码示例：如何创建矩阵

创建矩阵有多种方法，这里演示两种常见的做法。

[方法 1] 读者可以直接用 mat 方法创建矩阵，把一个二维数组对象直接传给它即可。

用 mat 方法创建矩阵

```
1. import numpy as np
2. np.mat(np.random.rand(4,4))
3. #你会得到下面这样一个矩阵
4. matrix([[0.92322816, 0.84069793, 0.17714409, 0.41597772],
          [0.31212451, 0.82281697, 0.1414489 , 0.26475898],
          [0.24446941, 0.7538116 , 0.19547214, 0.02906814],
          [0.93648795, 0.95891558, 0.85195849, 0.96519837]])
```

代码解读：

- 第 2 行代码中的 np.random.rand(4,4) 创建了一个 4 行 4 列的 array 对象，并用随机数方式为每个元素赋值；

- 把这个 array 对象交给 mat 方法，就得到了一个矩阵对象；

- 第 4 行输出中的 matrix() 字样提示我们得到的是个 matrix 对象。

[方法 2]   读者也可以用一个 MATLAB 风格的字符串来创建 matrix 对象。MATLAB 风格的字符串就是一个以空格分隔列、以分号分隔行的字符串。

用 MATLAB 风格的字符串创建矩阵对象

```
1. np.mat('1 2 3; 4 5 6; 7 8 9')
2. #你会得到下面这个矩阵
3. matrix([[1, 2, 3],
         [4, 5, 6],
         [7, 8, 9]])
```

7.2.2   代码示例：如何创建对角矩阵

如果一个方阵对角线之外的元素都是 0，那这样的方阵就是对角矩阵。一个对角矩阵通常可以这么表示：

$$\begin{pmatrix} a_{11} & 0 & 0 & 0 \\ 0 & a_{22} & 0 & 0 \\ 0 & 0 & a_{33} & 0 \\ 0 & 0 & 0 & a_{44} \end{pmatrix}$$

在 NumPy 中，创建对角矩阵的方法是 diag。

创建对角矩阵

```
1. #diag的参数就是对角线元素的值
```

```
2. np.diag([1,2,3,5])
3. #你会得到下面这个数组对象
4. array([[1, 0, 0, 0],
          [0, 2, 0, 0],
          [0, 0, 3, 0],
          [0, 0, 0, 5]])
```

由于对角矩阵只有对角线上的元素非 0，所以创建这样的矩阵只需要提供对角线上的元素就可以了。

代码解读：

- diag 的参数就是对角线元素的列表；
- diag 得到的是一个数组对象；
- 除了一些细微差异外，二维数组对象基本上等同于矩阵；
- 可以像第一个例子那样把数组传给 np.mat 方法，得到一个纯粹的矩阵对象。

7.2.3　代码示例：如何创建单位矩阵

对角线元素全是 1 的对角矩阵就是单位矩阵，通常用字母 I 表示单位矩阵。

$$I = \begin{pmatrix} 1 & 0 & 0 & 0 \\ 0 & 1 & 0 & 0 \\ 0 & 0 & 1 & 0 \\ 0 & 0 & 0 & 1 \end{pmatrix}$$

在 NumPy 中创建单位矩阵的方法是 eye。

创建单位矩阵

```
1. np.eye(4)
2. #你会得到下面的结果
3. array([[1., 0., 0., 0.],
```

```
        [0., 1., 0., 0.],
        [0., 0., 1., 0.],
        [0., 0., 0., 1.]])
```

代码解读：

- 方法 eye 的参数是这个方阵的维数；
- 方法 eye 返回的也是一个数组对象；
- 可以像第一个例子那样把数组传给 np.mat 方法，得到一个纯粹的矩阵。

7.2.4   代码示例：如何创建对称矩阵

如果一个方阵中的元素满足 $a_{ij} = a_{ji}$ ，这个方阵就称为对称矩阵。对称矩阵的特点是 $A = A^T$ 。

对称矩阵是非常重要的一种方阵，在数据科学中你会经常和对称矩阵打交道。比如之前讲过的用户相似度矩阵就是一个对称矩阵。

NumPy 没有提供创建对称矩阵的方法。不过因为 AA^T 一定是个对称矩阵，那么可以用这种思路去创建一个对称矩阵。

创建对称矩阵

```
1. A = np.mat('1 2 3; 4 5 6; 7 8 9')
2. A * A.T
3. #我们会得到下面这个对称矩阵
4. matrix([[ 14,  32,  50],
          [ 32,  77, 122],
          [ 50, 122, 194]])
```

代码解读：

- T 就是对矩阵转置；

- 由于 A 和 A.T 都是 matrix 对象，所以 A * A.T 的结果也是 matrix 对象；
- NumPy 对 matrix 重载了乘法运算符，所以两个 matrix 对象可以直接相乘，计算结果就是矩阵乘法的结果。如果是两个 array 对象就不能直接相乘了。

7.3 矩阵运算

矩阵运算包括加、减、数乘等常规操作，还包括矩阵特有的矩阵乘法、求逆矩阵等运算。

7.3.1 代码示例：矩阵加法和数乘

矩阵的加法和数乘运算是向量对应运算的延伸：

- 两个矩阵的加法就是把其对应元素相加；
- 数字乘以矩阵就是把矩阵中的每个元素和这个数字相乘。

矩阵的加法和数乘运算

```
1. A = np.mat('1 2 3; 4 5 6; 7 8 9')
2. B = np.mat('1 2 3; 4 5 6; 7 8 9')
3. #两个矩阵直接相加
4. A+B
5. #得到如下结果
6. matrix([[ 2,  4,  6],
7.         [ 8, 10, 12],
8.         [14, 16, 18]])
9.
10. #矩阵和数字相乘
11. A * 3
12. #得到如下结果
```

```
13. matrix([[ 3,  6,  9],
14.        [12, 15, 18],
           [21, 24, 27]])
```

7.3.2   代码示例：矩阵乘法

两个矩阵相乘的运算规则如图 7-1 所示。

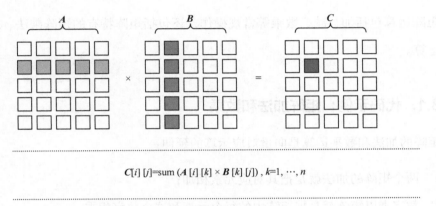

$$C[i][j] = sum(A[i][k] \times B[k][j]), k=1, \cdots, n$$

图 7-1   矩阵乘法运算法则

NumPy 重载了矩阵的乘法运算符，所以两个矩阵对象可以使用乘号直接运算。

矩阵乘法运算

```
1. A = np.mat('1 2 3; 4 5 6; 7 8 9')
2. B = np.mat('1 2 3; 4 5 6; 7 8 9')
3. A * B
4. #你会得到如下结果
5. matrix([[ 30,  36,  42],
          [ 66,  81,  96],
          [102, 126, 150]])
```

7.3.3 代码示例：求逆矩阵

对于一个 n 阶方阵 A，如果存在 n 阶方阵 B，使得 $AB = BA = I$，就说方阵 A 可逆，它的逆矩阵是 B，记作 $A^{-1} = B$。

NumPy 的 matrix 类提供了几个快捷的操作方法，其中 .I 就是求逆。

矩阵求逆运算

```
1. A = np.mat(np.random.rand(3,3))
2. #求矩阵A的逆
3. B = A.I
```

从定义上看，矩阵和逆矩阵的乘积结果应该是单位矩阵。但由于计算机的精度问题，最后得到的结果未必如此。比如：

```
1. #验证AB=I
2. A * B
3.
4. matrix([[ 1.00000000e+00,  1.04664981e-16, -8.38586006e-16],
         [ 5.14915808e-16,  1.00000000e+00,  1.45770751e-16],
         [ 6.82615213e-17, -1.88968999e-16,  1.00000000e+00]])
```

可见，这里得到的对角线元素都是 1，而非对角线元素是非常接近 0 的数字。这就是计算机的精度问题。

本章介绍了矩阵的一些最基本的运算，更重要的矩阵分解会在后面介绍。

第 **8** 章

解方程组和最小二乘解

到目前为止，本书还没有正式地介绍如何求解方程组。既然工程中遇到的方程组都是没有解析解的，而且我们已经接受了这个现实，那只要能找到一个尽可能不错的解就行了。

下面通过具体的代码来看如何在 Python 中解方程组。我们先看一个有解析解的方程组，再看一个没有解析解的方程组。

8.1　代码实战：解线性方程组

NumPy 中有个 linalg 子模块，linalg 子模块提供了 solve 方法来解方程组。比如下面这个方程组：

$$
\begin{cases}
x - 2y + z = 0 \\
2y - 8z = 8 \\
-4x + 5y + 9z = -9
\end{cases}
$$

可以这么解：

用 solve 方法解方程组

```
1. import numpy as np
```

```
2. #把方程组左边的系数用矩阵表示
3. A = np.mat("1 -2 1;0 2 -8;-4 5 9")
4.
5. #把方程组右边的结果用向量表示
6. b = np.array([0, 8, -9])
7. #直接调用linalg中的solve函数求解
8. x = np.linalg.solve(A, b)
9. print "Solution", x
```

给出的答案是：

```
Solution [29. 16.  3.]
```

可以验证一下：

```
np.dot(A,x)

matrix([[ 0.,  8., -9.]])
```

可见，用 solve 方法的确找到了方程组的解。

8.2 代码实战：用最小二乘法解方程组

再来看下面这个方程组。这个精心设计的方程组其实是没有解析解的，读者不妨试着动手解一下。

$$\begin{cases} x-2y+z= 0 \\ 2y-z= 8 \\ -4x+5y-2.5z=-9 \end{cases}$$

如果还是用上面的 solve 方法求解，看看会是什么结果。

用 solve 方法解方程组

```
1. A = np.mat("1 -2 1;0 2 -1;-4 5 -2.5")
2. b = np.array([0, 8, -9])
3. x = np.linalg.solve(A, b)
4. print "Solution", x
```

在执行到第 3 行代码时，Python 会抛出一堆错误，如图 8-1 所示。

```
LinAlgError                              Traceback (most recent call last)
<ipython-input-6-8e4d2f50d2b3> in <module>()
----> 1 x = np.linalg.solve(A, b)
      2 print "Solution", x

d:\Anaconda2\lib\site-packages\numpy\linalg\linalg.pyc in solve(a, b)
    388     signature = 'DD->D' if isComplexType(t) else 'dd->d'
    389     extobj = get_linalg_error_extobj(_raise_linalgerror_singular)
--> 390     r = gufunc(a, b, signature=signature, extobj=extobj)
    391
    392     return wrap(r.astype(result_t, copy=False))

d:\Anaconda2\lib\site-packages\numpy\linalg\linalg.pyc in _raise_linalgerror_singul
     87
     88 def _raise_linalgerror_singular(err, flag):
---> 89     raise LinAlgError("Singular matrix")
     90
     91 def _raise_linalgerror_nonposdef(err, flag):

LinAlgError: Singular matrix
```

图 8-1　错误提示

最核心的就是最后这句话：

```
LinAlgError: Singular matrix
```

这个错误是说，系数矩阵 A 是个奇异矩阵，是不可求逆的矩阵。其实这里也提示了 NumPy 的 solve 是怎么工作的。

既然不能找到解析解，那该怎么去找最优解呢？读者可以试试下面的代码。

求最小二乘解

```
1. #求伪逆，求解
2. pi_a = np.linalg.pinv(A)
3. x=np.dot(pi_a,b)
4. print x
```

这次没有发生错误，并得到如下结果。

```
matrix([[ 7.14285714,  3.10649351, -1.55324675]])
```

这就是所谓的最优解，读者不妨验证一下。

```
np.dot(A,x.T)

#得到结果
matrix([[-0.62337662],
        [ 7.76623377],
        [-9.15584416]])
```

所以，所谓的最优解，其实是下面这个变形后的方程组的解析解。这个解也叫作最小二乘解。

$$\begin{cases} x-2y & +z= & 0 \\ & 2y & -z= & 8 \\ -4x+5y & -2.5z= & -9 \end{cases} \Rightarrow \begin{cases} x-2y+ & z=-0.623\,376\,62 \\ 2y- & z=\ 7.766\,233\,77 \\ -4x+5y-2.5z=-9.155\,844\,16 \end{cases}$$

8.3　专家解读：最小二乘解

在解释最小二乘解之前，需要先解释一个概念，它也是机器学习中最重要的概念——损失函数。

8.3.1　损失函数

符号说明

本书前面一直用类似 $ax+b=y$ 的方式表示方程，其中 x 未知，这是数学的表示法。在机器学习领域，会用 $\theta x+b=y$ 的方式表示方程，其中 x,y 已知，θ 代表未知的系数。仅仅是符号的变化，请读者适应，因为接下来将用机器学习的表示法。

既然想找到未知量 θ 的最优解，就需要先对什么样的解才是最优的解作出定义。在机器学习领域，人们是用损失函数来定义最优解的——能够使损失函数的值最小的解就是最优的解。

针对不同的问题，人们设计了不同的损失函数。线性回归问题的损失函数定义如下：

$$J(\theta) = \frac{1}{2n}\sum_{i=1}^{n}[h_\theta(x^{(i)}) - y^{(i)}]^2$$

函数说明

$J(\theta)$ 是嵌套函数，其中的 $h_\theta(x) = \theta^{\mathrm{T}}x$，因为 x、y 都已知，所以函数 $J(\theta)$ 是关于 θ 的函数。前面多出 1/2 仅仅是为了求导时的方便。

线性回归的损失函数含义如下：对每个样本 $x^{(i)}$，模型的预测结果为 $h_\theta(x^{(i)})$，其真实结果是 $y^{(i)}$，预测结果和真实结果之间会有差异，所有样本的差异的平方和的均值就是模型的损失，也叫作均方误差损失函数。

如果把这个式子展开，读者会发现这个损失函数其实是关于 θ 的一个二次函数，如果画出来就是如图 8-2 所示的类似碗状的曲线。

仔细观察图 8-2 中的函数曲线，这个函数一定有并且只有一个最低点，或者说这个函数一定有最小值，而且是全局最小值。把最小值那一点对应的 θ 作为最优解，而这个解就是最小二乘解。

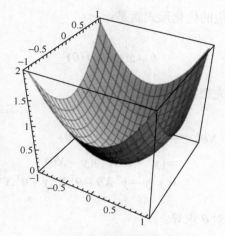

图 8-2 损失函数曲线

所以原始的解方程组的问题就变成了一个找二次函数最小值、找二次曲线最低点的问题了。根据高等数学的内容，对于这种问题，可以求函数关于 $\boldsymbol{\theta}$ 的一阶导数，然后令一阶导数为 0 就得到 $\boldsymbol{\theta}$ 的解，即：

$$\frac{\partial}{\partial \boldsymbol{\theta}} J(\boldsymbol{\theta}) = 0$$

8.3.2 最小二乘解

把上面的最小二乘法重新用线性代数的语言进行描述，首先方程组可以这么描述：

$$\boldsymbol{X}\boldsymbol{\theta} = \boldsymbol{y}$$

损失函数的值可以表示为向量的二范数的平方：

$$J(\boldsymbol{\theta}) = \left\| \boldsymbol{y} - \boldsymbol{X}\boldsymbol{\theta} \right\|_2^2$$

于是最小二乘解对应的优化形式就是：

$$\boldsymbol{\theta} = \arg \min J(\boldsymbol{\theta})$$

下面是求解过程，先把损失函数式子展开：

$$
\begin{aligned}
\left\| \boldsymbol{y} - \boldsymbol{X}\boldsymbol{\theta} \right\|_2^2 &= (\boldsymbol{y} - \boldsymbol{X}\boldsymbol{\theta})^{\mathrm{T}} (\boldsymbol{y} - \boldsymbol{X}\boldsymbol{\theta}) \\
&= (\boldsymbol{y}^{\mathrm{T}} - \boldsymbol{\theta}^{\mathrm{T}} \boldsymbol{X}^{\mathrm{T}})(\boldsymbol{y} - \boldsymbol{X}\boldsymbol{\theta}) \\
&= \boldsymbol{y}^{\mathrm{T}} \boldsymbol{y} - \boldsymbol{y}^{\mathrm{T}} \boldsymbol{X}\boldsymbol{\theta} - \boldsymbol{\theta}^{\mathrm{T}} \boldsymbol{X}^{\mathrm{T}} \boldsymbol{y} + \boldsymbol{\theta}^{\mathrm{T}} \boldsymbol{X}^{\mathrm{T}} \boldsymbol{X}\boldsymbol{\theta}
\end{aligned}
$$

得到这个式子后，对 $\boldsymbol{\theta}$ 求导：

$$\frac{\partial}{\partial \boldsymbol{\theta}} J(\boldsymbol{\theta}) = 2\boldsymbol{X}^{\mathrm{T}} \boldsymbol{X}\boldsymbol{\theta} - 2\boldsymbol{X}^{\mathrm{T}} \boldsymbol{y}$$

让它为 0，就可以得到：

$$\boldsymbol{\theta} = (\boldsymbol{X}^{\mathrm{T}} \boldsymbol{X})^{-1} \boldsymbol{X}^{\mathrm{T}} \boldsymbol{y}$$

至此，就把所谓的最优解用纯线性代数的方式解出来了。这个解也叫作最小二乘解。另外，$(\boldsymbol{X}^{\mathrm{T}} \boldsymbol{X})^{-1} \boldsymbol{X}^{\mathrm{T}}$ 通常称为矩阵 $\boldsymbol{X}$ 的伪逆或者广义逆。

这个解中，$\boldsymbol{X}^{\mathrm{T}} \boldsymbol{X}$ 是矩阵乘法运算，计算量不大，真正计算量在求逆上。如果样本不是很大，其实完全有可能用这种方法找到所谓的最优解。

但即使这种方法也不能保证一定有解，因为中间有一个方阵求逆的过程。如果 $\boldsymbol{X}^{\mathrm{T}} \boldsymbol{X}$ 不可逆，那么仍然得不到所谓的最优解。

这时，应该怎么办呢？

第9章

带有正则项的最小二乘解

在前面几章中，我们把一个工程问题转换成了解方程组的数学问题。但由于方程组没有解析解，所以退而求其次地找一个最优解。我们定义了一个损失函数，能让损失函数值最小的解就是要找的最优解。最终找到了一个所谓的最小二乘解。

$$\boldsymbol{\theta} = (\boldsymbol{X}^{\mathrm{T}}\boldsymbol{X})^{-1}\boldsymbol{X}^{\mathrm{T}}\boldsymbol{y}$$

这就是到目前为止我们所做的努力，一切看起来顺理成章，但问题解决了吗？即便降低对解的要求，就一定能找到数值解吗？这个问题等价于 $\boldsymbol{X}^{\mathrm{T}}\boldsymbol{X}$ 一定可逆吗？即便可逆，找到的解真的合理吗？能推广吗？

这一章就来回答这些问题。

首先，$\boldsymbol{X}^{\mathrm{T}}\boldsymbol{X}$ 一定可逆吗？不一定。尤其当数据集中特征的数量比样本的数量还多的时候，即 $\boldsymbol{X} \in \mathbf{R}^{n \times m}$，$m \gg n$ 的时候。这时 $\boldsymbol{X}^{\mathrm{T}}\boldsymbol{X}$ 得到的方阵是 $m \times m$ 维的，这个方阵一定不可逆。

可以用下面的代码来检查一个矩阵是否可逆。

检查矩阵是否可逆

```
1. if linalg.det(X^TX) == 0.0:
2. #X不是满秩矩阵
```

```
3. print u'矩阵不可逆'
```

即便方阵可逆，它也可能是个病态矩阵，这种矩阵得到的解非常不稳定。如果遇到这种情况该怎么办呢？

接下来通过实例感受一下。

9.1　代码实战：多项式回归

现在有一份由 X、Y 两个变量组成的数据集，用散点图画出来如图 9-1 所示。

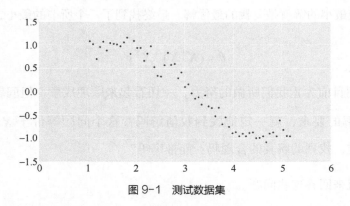

图 9-1　测试数据集

为了得到更好的拟合效果，下面会尝试用多项式回归对它进行拟合，首先要生成多项式特征。

生成多项式特征

```
1. for i in range(2,16):
2. colname = 'x_%d'%i
3.     data[colname] = data['x']**i
4. data.head()
```

加上这些新的特征后，数据就变成图 9-2 所示的样式。

	x	y	x_2	x_3	x_4	x_5	x_6	x_7	x_8	x_9	x_10	x_11	x_12	x_13	x_14	x_15
0	1	1.1	1.1	1.1	1.2	1.3	1.3	1.4	1.4	1.5	1.6	1.7	1.7	1.8	1.9	2
1	1.1	1	1.2	1.4	1.6	1.7	1.9	2.2	2.4	2.7	3	3.4	3.8	4.2	4.7	5.3
2	1.2	0.7	1.4	1.7		2.4	2.8	3.3	3.9	4.7	5.5	6.6	7.8	9.3	11	13
3	1.3	0.95	1.6	2	2.5	3.1	3.9	4.9	6.2	7.8	9.8	12	16	19	24	31
4	1.3	1.1	1.8	2.3	3.1	4.1	5.4	7.2	9.6	13	17	22	30	39	52	69

图 9-2　加入多项式特征后的数据

接下来直接使用线性回归，先用一个标准的线性回归：

线性回归

```
1. from sklearn.linear_model import LinearRegression
2. linreg = LinearRegression(normalize=True)
3. #用数据训练模型
4. linreg.fit(data[predictors],data['y'])
5. #得到预测结果
6. y_pred = linreg.predict(data[predictors])
7. #计算损失函数值
8. rss = sum((y_pred-data['y'])**2)
```

把不同多项式回归的拟合效果画出来，图 9–3 显示的分别是 1、3、6、9、12、15 阶多项式回归的拟合效果。

另外，计算每次回归的损失函数值 RSS，并将其作为模型的评估指标，可以看到模型越复杂，拟合效果越好（RSS 越小），这一点也符合我们的预期。当然，模型越复杂就越容易过拟合。关于过拟合的问题可以先放在一边，当下要关注的是模型的参数值。

图 9–4 所示的就是不同阶次多项式拟合时得到的回归系数。从图 9–4 中，读者不难发现这样一个规律：随着模型复杂度的增加，参数值在以指数级的速度变化。

凭直觉感受，有些参数的值太夸张了，一个自然的想法就是对参数值的大小做些约束，于是就有了带正则项的回归。

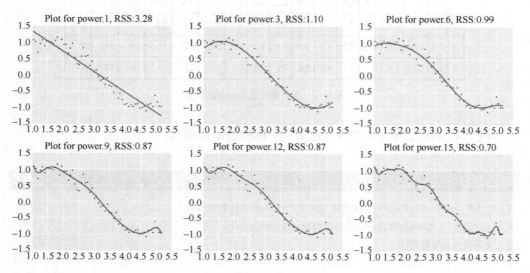

图 9-3　不同拟合效果

	rss	intercept	coef_x_1	coef_x_2	coef_x_3	coef_x_4	coef_x_5	coef_x_6	coef_x_7	coef_x_8
model_pow_1	3.3	2	−0.62	NaN	NaN	NaN	NaN	NaN	NaN	NaN
model_pow_2	3.3	1.9	−0.58	−0.006	NaN	NaN	NaN	NaN	NaN	NaN
model_pow_3	1.1	−1.1	3	−1.3	0.14	NaN	NaN	NaN	NaN	NaN
model_pow_4	1.1	−0.27	1.7	−0.53	−0.036	0.014	NaN	NaN	NaN	NaN
model_pow_5	1	3	−5.1	4.7	−1.9	0.33	−0.021	NaN	NaN	NaN
model_pow_6	0.99	−2.8	9.5	−9.7	5.2	−1.6	0.23	−0.014	NaN	NaN
model_pow_7	0.93	19	−56	69	−45	17	−3.5	0.4	−0.019	NaN
model_pow_8	0.92	43	−1.4e+02	1.8e+02	−1.3e+02	58	−15	2.4	−0.21	0.0077
model_pow_9	0.89	1.7e+02	−6.1e+02	9.6e+02	−8.5e+02	4.6e+02	−1.6e+02	37	−5.2	0.42
model_pow_10	0.87	1.4e+02	−4.9e+02	7.3e+02	−6e+02	2.9e+02	−87	15	−0.81	−0.14
model_pow_11	0.87	−75	5.1e+02	−1.3e+03	1.9e+03	−1.6e+03	9.1e+02	−3.5e+02	91	−16
model_pow_12	0.87	−3.4e+02	−1.9e+03	−4.4e+03	6e+03	−5.2e+03	3.1e+03	−1.3e+03	3.8e+02	−80
model_pow_13	0.86	3.2e+03	−1.8e+04	4.5e+04	−6.7e+04	6.6e+04	−4.6e+04	2.3e+04	−8.5e+03	2.3e+03
model_pow_14	0.79	2.4e+04	−1.4e+05	3.8e+05	−6.1e+05	6.6e+05	−5e+05	2.8e+05	−1.2e+05	3.7e+04
model_pow_15	0.7	−3.6e+04	−2.4e+05	−7.5e+05	1.4e+06	−1.7e+06	1.5e+06	−1e+06	5e+05	−1.9e+05

图 9-4　拟合系数

9.2 代码实战：岭回归

岭回归是加上 L2 正则项的回归。它的直观理解就是所有系数的平方和不要太大。如果把所有系数看作一个向量，系数的平方和就是向量的二范数平方。

接下来，对同样的数据集使用岭回归。岭回归有个超参数 α，请读者观察当超参数 α 取不同的值时，会发生什么呢？

岭回归

```
1. from sklearn.linear_model import Ridge
2. ridgereg = Ridge(alpha=alpha,normalize=True)
3. ridgereg.fit(data[predictors],data['y'])
4. y_pred = ridgereg.predict(data[predictors])
5.
6. rss = sum((y_pred-data['y'])**2)
7. ret = [rss]
8. ret.extend([ridgereg.intercept_])
9. ret.extend(ridgereg.coef_)
```

图 9-5 所示的是尝试不同的 α 后得到的拟合效果。α 值分别是 10^{-15}、10^{-10}、10^{-4}、10^{-3}、10^{-2}、5。

随着 α 的增大，模型的复杂度开始降低，而且 α 越大，模型的损失 RSS 也越变越大，尤其当 α 大于 1 之后，现象更明显。

注意图 9-6 中的拟合系数，如果和图 9-4 中的系数对比，岭回归得到的系数没有那么夸张，看起来更合理。

最后，尽管当 $\alpha = 20$ 时得到的系数都非常小，但是并不为 0。读者可以检查每个回归模型中系数为 0 的数量，你会发现在岭回归中，很难遇到回归系数是 0 的结果。图 9-7 所示的就是各个岭回归得到的值为 0 的系数的数量。

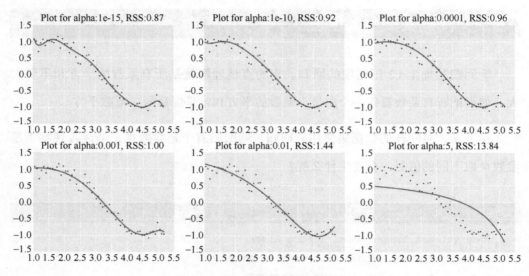

图 9-5　岭回归的拟合效果

	rss	intercept	coef_x_1	coef_x_2	coef_x_3	coef_x_4	coef_x_5	coef_x_6	coef_x_7	coef_x_8	coef_x_9
alpha_1e-15	0.87	95	−3e+02	3.8e+02	−2.4e+02	67	0.12	−4.6	0.61	0.14	−0.026
alpha_1e-10	0.92	11	−29	31	−15	2.9	0.17	−0.091	−0.011	0.002	0.00064
alpha_1e-08	0.95	1.3	−1.5	−0.13	−0.68	0.039	0.016	0.00016	−0.00036	−5.4e−05	−2.9e−07
alpha_0.0001	0.96	0.56	0.55	−0.087	−0.026	−0.0028	−0.00011	4.1e−05	1.5e−05	3.7e−06	7.4e−07
alpha_0.001	1	0.82	0.31	−0.052	−0.02	−0.0028	−0.00022	1.8e−05	1.2e−05	3.4e−06	7.3e−07
alpha_0.01	1.4	1.3	−0.088	−0.019	−0.01	−0.0014	−0.00013	7.2e−07	4.1e−06	1.3e−06	3e−07
alpha_1	5.6	0.97	−0.14	−0.019	−0.003	−0.00047	−7e−05	−9.9e−06	−1.3e−06	−1.4e−07	−9.3e−09
alpha_5	14	0.55	−0.059	−0.0085	−0.0014	−0.00024	−4.1e−05	−6.9e−06	−1.1e−06	−1.9e−07	−3.1e−08
alpha_10	18	0.4	−0.037	−0.0055	−0.00095	−0.00017	−3e−05	−5.2e−06	−9.2e−07	−1.6e−07	−2.9e−08
alpha_20	23	0.28	−0.022	−0.0034	−0.0006	−0.00011	−3e−05	−3.6e−06	−6.6e−07	−1.2e−07	−2.2e−08

图 9-6　岭回归的损失函数值和拟合系数

```
alpha_1e-15      0
alpha_1e-10      0
alpha_1e-08      0
alpha_0.0001     0
alpha_0.001      0
alpha_0.01       0
alpha_1          0
alpha_5          0
alpha_10         0
alpha_20         0
dtype: int64
```

图 9-7　岭回归的值为 0 的系数的数量

9.3 代码实战：Lasso 回归

　　Lasso 回归是加上 L1 正则项的回归。它的直观理解是所有系数的绝对值之和不要太大。如果把所有系数看作一个向量，就是系数向量的一范数不要太大。

　　接下来，对于同样的数据集使用 Lasso 回归。Lasso 回归也有个参数 α，这次还是请读者观察当参数 α 取不同的值时，会发生什么。

Lasso 回归

```
1. from sklearn.linear_model import Lasso
2. 训练模型
3. lassoreg = Lasso(alpha=alpha,normalize=True, max_iter=1e5)
```

　　这次的代码和之前的代码是一样的，选用的 α 值也是和岭回归一样的。下面来看图 9-8 的拟合效果。

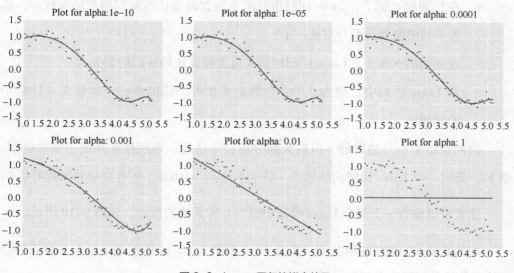

图 9-8　Lasso 回归的拟合效果

　　你会发现，随着 α 的增大，模型的复杂度开始降低。而且 α 越大，模型的损失

RSS 也越变越大，尤其当 $\alpha = 1$ 时，回归线变成了水平线。

再看看不同的 α 值的 Lasso 回归得到的系数，如图 9-9 所示。

	rss	intercept	coef_x_1	coef_x_2	coef_x_3	coef_x_4	coef_x_5	coef_x_6	coef_x_7	coef_x_8	coef_x_9	coef_x_10
alpha_1e−15	0.96	0.22	1.1	−0.37	0.00089	0.0016	−0.00012	−6.4e−05	−6.3e−06	1.4e−06	7.8e−07	2.1e−07
alpha_1e−10	0.96	0.22	1.1	−0.37	0.00088	0.0016	−0.00012	−6.4e−05	−6.3e−06	1.4e−06	7.8e−07	2.1e−07
alpha_1e−08	0.96	0.22	1.1	−0.37	0.00077	0.0016	−0.00011	−6.4e−05	−6.3e−06	1.4e−06	7.8e−07	2.1e−07
alpha_1e−05	0.96	0.5	0.6	−0.13	−0.038	−0	0	0	0	7.7e−06	1e−06	7.7e−08
alpha_0.0001	1	0.9	0.17	−0	−0.048	−0	−0	0	0	9.5e−06	5.1e−07	0
alpha_0.001	1.7	1.3	−0	−0.13	−0	−0	0	0	0	0	0	0
alpha_0.01	3.6	1.8	−0.55	−0.00056	−0	−0	−0	−0	−0	−0	−0	0
alpha_1	37	0.038	−0	−0	−0	−0	−0	−0	−0	−0	−0	−0
alpha_5	37	0.038	−0	−0	−0	−0	−0	−0	−0	−0	−0	−0
alpha_10	37	0.038	−0	−0	−0	−0	−0	−0	−0	−0	−0	−0

图 9-9   Lasso 回归的回归系数

你会得出这样的结论：

- 在相同的 α 值下，Lasso 回归得到的系数普遍要比岭回归得到的系数小，读者不妨随便找出两行对比一下；
- 在相同的 α 值下，Lasso 回归的损失值普遍要比岭回归的损失大；
- 在 Lasso 回归中，值为 0 的系数数量要比岭回归的多——即使在 α 比较小的时候。

前两点结论不是绝对的，但在大部分场合下适用，第三点才是最主要的区别。

比如，最后一个 Lasso 回归的结果是一条水平线：$y = 0.038$，所有变量的系数都是 0。

读者可以检查一下每个 Lasso 模型中值为 0 的系数的数量，如图 9-10 所示。

即使在 $\alpha = 0.0001$ 的情况下，也有 10 个系数为 0。这种模型中绝大多数系数是 0 的现象就是"稀疏学习"。

```
alpha_1e–15        0
alpha_1e–10        0
alpha_1e–08        0
alpha_1e–05        8
alpha_0.0001      10
alpha_0.001       12
alpha_0.01        13
alpha_1           15
alpha_5           15
alpha_10          15
dtype: int64
```

图 9-10　Lasso 回归的值为 0 的系数的数量

第 **10** 章

矩阵分解的用途

从本章开始，我们要学习线性代数中的精华内容，同时也是工程中广泛应用的技术——矩阵分解了。

矩阵分解是一个非常庞大的话题，要想彻底精通，需要完全掌握线性代数的知识，这是一种自下而上（bottom-up）的学习方法，所有的教材都是这么干的。作者想尝试另一种自上而下（top-down）的方式，也就是先看看它能干什么、该怎么干，然后再考虑是否有必要深入学习。

矩阵分解的应用场景非常广泛，先看几个例子。

10.1 问题 1：消除数据间的信息冗余

真实的数据总是存在各种各样的问题，不妨再看看第 5 章案例中小白看过的数据（图 10-1 比之前的图 5-1 多了几列，其实真实数据会更多）。

instant	dteday	temp	atemp	hum	windspeed	holiday	casual	registered	cnt
1	2017-01-01	0.344 167	0.363 625	0.805 833	0.160 446	0	331	654	985
2	2017-01-02	0.363 478	0.353 739	0.696 087	0.248 539	0	131	670	801
3	2017-01-03	0.196 364	0.189 405	0.437 273	0.248 309	0	120	1229	1349
4	2017-01-04	0.200 000	0.212 122	0.590 435	0.160 296	0	108	1454	1562
5	2017-01-05	0.226 957	0.229 270	0.436 957	0.186 900	0	82	1518	1600

图 10-1　小白看到的数据节选

观察一下这个数据集中自变量之间的关系，可以借助可视化工具来观察。图 10-2 是变量两两之间的散点图矩阵，对角线上是单个变量的直方图。

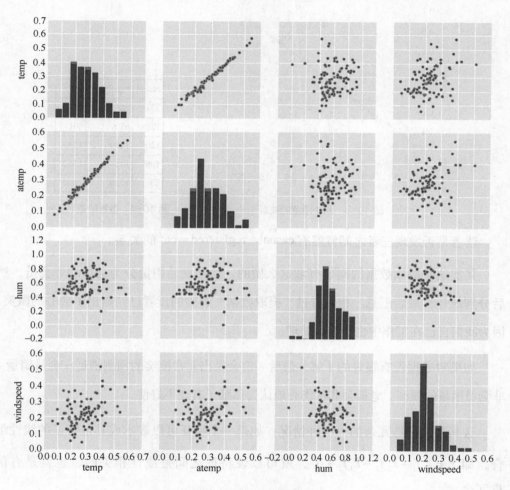

图 10-2 变量之间的关系

请注意图 10-3 所示的，这是两个温度变量之间的关系，显然是非常强的线性相关——天热的时候地表温度也高。所以这两个关于气温的特征其实用一个就够了，另一个是多余的，应该而且必须要去掉。

再看一下这份数据中的最后 3 列，如图 10-4 所示。

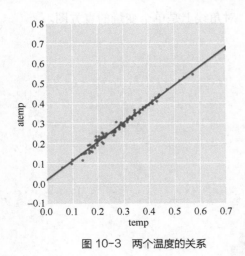

casual	registered	cnt
331	654	985
131	670	801
120	1229	1349
108	1454	1562
82	1518	1600

图 10-3   两个温度的关系   图 10-4   数据的最后 3 列

读者是否发现三者之间竟然有 casual + registered = cnt 的关系。

其实这是提取数据的同事有意这么做的，他把商品销量分为会员和非会员，然后分别统计，最后汇总。相信有过"提取数据"经验的读者已经露出了会心的微笑，因为我们自己在工作中也会这么处理。

如果对数据没有很好的了解，最后一定会做出非常搞笑的预测销量 = 会员销量 + 非会员销量的模型。老板会非常伤心地认为你脑子有点不好使。

这其实是信息冗余的另一种情况：如果一个特征可以表示成其他特征的线性组合，即 $f_i = k_1 f_1 + k_2 f_2 + k_3 f_3 + \cdots$，就可以说特征之间是线性相关的，也就是有信息冗余。

一旦出现了线性相关和信息冗余，就必须要消除相关性，去除信息的冗余！

还是看第一个例子，两个温度特征重复好理解，去掉一个也能接受。但是为什么必须要去掉呢？不去掉会有什么问题？

接下来看一下这个方程组：

$$\begin{cases} x-2y+z & = & 0 \\ 2y-z & = & 8 \\ -4x+5y-2.5z & = & -9 \end{cases}$$

虽然这是一个有 3 个变量、3 个方程的方程组，但是这个方程组无解。为什么是这样呢？注意观察变量前面的系数：

- 变量 y 前面的系数是 $\begin{pmatrix} -2 \\ 2 \\ 5 \end{pmatrix}$；

- 变量 z 前面的系数是 $\begin{pmatrix} 1 \\ -1 \\ -2.5 \end{pmatrix}$；

- 两者之间是线性的关系：$\begin{pmatrix} -2 \\ 2 \\ 5 \end{pmatrix} = -2 \times \begin{pmatrix} 1 \\ -1 \\ -2.5 \end{pmatrix}$。

这个方程组是无解的，这其实就是刚才遇到的问题——特征线性相关。

再看第二个例子，假设方程组的系数是这样的：

$$\begin{pmatrix} 1 & 2 & 3 \\ 2 & 1 & 3 \\ 3 & 5 & 8 \end{pmatrix}$$

这个矩阵中的任何一个列向量都可以由另外两个列向量组合得到，比如第三个列向量等于前两个列向量之和。

$$\begin{pmatrix} 3 \\ 3 \\ 8 \end{pmatrix} = \begin{pmatrix} 1 \\ 2 \\ 3 \end{pmatrix} + \begin{pmatrix} 2 \\ 1 \\ 5 \end{pmatrix}$$

这种关系也叫线性相关，对应的方程组也是无解的。

这两个例子都属于一种情况，就是特征之间是线性相关的，线性相关就意味着特征之间有重复信息。这时的矩阵也叫作"病态矩阵"，它是无法求解的，或者得到的解极不稳定。

10.2　问题2：模型复杂度

图 5-1 和图 10-1 的数据其实都是精简过的，现实中经理交给小白的数据其实有好几百列，特征非常多。这也是工作中常遇到的情形，因为谁也不知道哪些特征对问题有用、有用的程度多大，所以通常都是把能想到的数据一股脑儿地全拿过来，有枣没枣先打三杆子再说。

如果特征多的话，即使是用 $y = ax + b$ 这样简单的线性模型，最后得到的模型也是个有成百上千个 x 的方程。

这种复杂的模型到底好不好呢？分场景，要看最终这个模型要向谁呈现。

如果最后这个模型是交给计算机，比如用 CTR 来预估这种场景，那模型再复杂也无所谓，反正就是算呗，计算机闲着也是闲着。所以交给计算机的模型通常都会非常复杂，比如 CTR 预估中可以是上亿甚至十亿级别的特征 x 和系数。

但在商业分析场景下，最终这个模型很可能要给决策层做辅助决策支持，这时模型还是简单点好，如果呈现给老板的是一个有上百个 x 的模型，老板会直接"晕倒"的。x 的数量应该越少越好。比如在信用卡模型中，最后变量的数量可能只有

15～20 个，这时就需要对数据进行降维了。

问题明确了，那么该怎么解决呢？一个非常不错的方法是 PCA 主成分分析。下面一起来看一个例子。

10.3 代码实战：PCA 降维

人脸识别是人工智能一个比较热门的应用，如从支付宝的刷脸支付到滴滴顺风车强制司机和乘客刷脸。其他基于生物特征的身份识别技术也离我们越来越近，比如指纹识别、虹膜识别。

Olivetti 数据集是包含了 40 个人，每人 10 张，共 400 张人脸的灰度图像数据集。本节将从这个数据集中提取特征，然后重新还原人脸，最后对比还原后的失真情况。之所以选择图片降维，是因为图片中的冗余信息最多，用它展现降维的效果最好。

首先加载这份数据。

加载人脸数据集

```
1. #在sklearn中可以通过下面的方法直接下载这份数据集，当然要联网
2. from sklearn.datasets import fetch_olivetti_faces
3. faces = fetch_olivetti_faces(data_home='data\\',shuffle=True, random_
   state=rng)
```

这个数据集一共有 400 张图片，抽出 10 张看看，如图 10-5 所示。

图 10-5　任选 10 张图片

数据集中的每张图片是 64×64 像素大小，可以看作一个 64×64 的矩阵。如果将其展开成向量的话，一幅人脸灰度图片就是一个 4096 维的向量，于是整个数据集可以看作 400×4096 的矩阵（一共有 400 个样本，每个样本 4096 个特征）。

这个矩阵是个信息冗余度非常高的矩阵。可以对这个矩阵做 PCA 降维。scikit-learn 已经实现了 PCA，可以直接调用。

PCA 数据降维

```
1. from sklearn.decomposition import PCA
2. pca = PCA()
3. pca.fit(faces.data)
```

假设最后只保留 400 个主要特征，每个主要特征也是一个 4096 维的向量。

既然每个主要特征也是个 4096 维的向量，不妨把每个特征当作一个 64×64 的灰度图像重新画出来，于是你会看到如图 10-6 所示的这些让人不适的人脸图片！

图 10-6　特征脸

我们可以把这些人脸图片称为特征脸（eigenface），"特征脸"不好看！

找出特征脸有什么用呢？ 可以这么理解：一张正常的人脸图片是由这些特征脸按照一定的方式（线性）叠加得到的，那具体是怎么叠加的呢？

不妨拿出一张正常人脸的图片输入得到的模型上，这时会得到一个 1×400 的向量，这个向量就是这张图片的降维表示，也就是把原来 4096 个数字压缩成 400 个数字，压缩比大约是 10。

对一张图片进行降维

```
1. # 一张正常人脸图片的降维表达
2. face = faces.data[0]
3. trans = pca.transform(face.reshape(1, -1))
```

看看降维后的结果。

```
[-8.15798223e-01   4.14403582e+00  -2.48326087e+00  -9.03086782e-01
   8.31359684e-01  -8.86226296e-01  -8.66417170e-01   2.16424847e+00
  -2.50872433e-01   6.02781594e-01  -1.42996275e+00   1.18014145e+00
  -4.54095334e-01   6.90413296e-01  -2.08479786e+00   9.17164207e-01
   1.45403886e+00  -6.59176648e-01  -7.17037976e-01  -6.06196642e-01
   6.71601951e-01  -3.46079439e-01   3.62978220e-01  -6.95377588e-01
   ......
```

得到的结果是一个 400 维的向量，这个向量描述了这张正常人脸和特征脸的关系，用特征脸叠加得到正常人脸的方式可以用下面的公式表示：

$$Face = \alpha_1 \times eigenface_1 + \alpha_2 \times eigenface_2 + \cdots + \alpha_{400} \times eigenface_{400}$$

拿到了特征之后，后续就可以尝试各种应用了。不妨试着做人脸还原，看看能不能根据上面这个关系还原出原始图片，并了解一下失真情况。

下面的代码和图 10-7 展示了人脸的还原过程。

降维后的还原

```
1. #400个特征脸，不断累加，看看还原效果，还原后还要加上平均脸
2. for k in range(400):
3.     rank_k_approx = trans[:, :k].dot(pca.components_[:k]) + pca.mean_
```

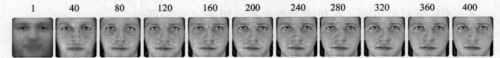

图 10-7　还原过程

图 10-7 中的第一张图片是第一个特征脸，第二张图片是用了 40 个特征脸的线性组合，之后依次是用了 80、120、160、…、360 个特征脸的线性组合，最后一张图片用到了全部 400 个特征脸的线性组合。

你会发现，其实不必把 400 个特征脸全部用上，只需要 80 ～ 120 个特征脸，也就是在第 3、4 轮时就已经能够识别出这个人了。

通过这个例子，我们直观地体会到了 PCA 在数据降维、消除特征相关性上的强大。接下来就从原理上了解一下 PCA 背后的数学思想。

10.4 专家解读

PCA 是应用层面的叫法，它背后依赖的数学原理是线性代数中的矩阵分解。

线性代数相关教程中的矩阵分解方法非常多，比如 LU、LDU 等。在工程中最常用的主要有两个，一个是对称方阵的正交分解，还有一个是一般矩阵的 SVD 分解。PCA 依赖的是前者，SVD 是研究生阶段的学习内容。

在线性代数中，一个实对称矩阵能够做很好的分解——正交分解：

$$A = V \Lambda V^{\mathrm{T}}$$

其中：

- V 是单位正交矩阵，即 $VV^{\mathrm{T}} = V^{\mathrm{T}}V = I$，$V^{\mathrm{T}} = V^{-1}$；

- Λ 是个对角矩阵，对角线上的元素是矩阵 A 的特征值。

单位正交矩阵 V 有以下几个特点：

- 它肯定是个方阵，行数等于列数；

- 列向量两两正交，行向量也两两正交。

- 所谓单位是指矩阵的每个列向量、每个行向量的模是 1。

接下来看一个典型的二阶单位正交矩阵：

$$\begin{pmatrix} 0 & 1 \\ 1 & 0 \end{pmatrix}$$

另外，一般化的二阶单位正交矩阵可以表示成这样：

$$\begin{pmatrix} \cos(\theta) & -\sin(\theta) \\ \sin(\theta) & \cos(\theta) \end{pmatrix}$$

这是线性代数中的内容，接下来将其对应到 PCA 算法上。

PCA算法流程

输入：$X \in \mathbf{R}^{m \times n}$

输出：$X' \in \mathbf{R}^{m \times d}$

（1）数据中心化（每列数据减去该列的均值）。

（2）计算协方差矩阵：$C = \dfrac{1}{m-1} X^{\mathrm{T}} X, C \in \mathbf{R}^{n \times n}$。

（3）对协方差矩阵做正交分解。

（4）选择最大的 d 个特征值以及对应的特征向量，构成新的一组基 $P' \in \mathbf{R}^{n \times d}$。

（5）数据降维 $X' = XP', X' \in \mathbf{R}^{m \times d}$。

算法的（1）、（2）两步构造了一个统计学上的协方差矩阵。协方差矩阵一定是一个实对称方阵，后面就完全是正交分解的数学内容了。

PCA 主要做了一件事，就是对协方差重新分配，方差和协方差通常可以看作数据中蕴含的信息。PCA 通过构造完全独立的新特征，把数据中的原有信息无损地重新分配到新的特征上，这就是 PCA 能够消除数据相关性、实现数据无损降维的秘密所在。

对称方阵虽然可以被完美地正交分解，但实际工作中哪有那么多对称矩阵给我们用啊，更多的时侯要面对的是一般的非方阵。PCA 通过从非方阵构造对称矩阵的方式，实现了对非方阵的数据降维。把 PCA 的过程再多走一步，就可以得到 SVD 分解了。

10.5 从PCA到SVD

PCA 的出处是 SVD。SVD 是对一般矩阵做分解的方法：对于矩阵 $A \in \mathbf{R}^{m \times n}$，可以作如下分解。

$$A = U\Sigma V^{\mathrm{T}}$$

- U 是 $m \times m$ 的单位正交矩阵，即 $U^{\mathrm{T}}U = UU^{\mathrm{T}} = I, U^{\mathrm{T}} = U^{-1}$，习惯上将其叫作左奇异矩阵，$U$ 中的列向量叫作左奇异向量。
- V 是 $n \times n$ 的单位正交矩阵，即 $V^{\mathrm{T}}V = VV^{\mathrm{T}} = I$，$V^{\mathrm{T}} = V^{-1}$，习惯上将其叫作右奇异矩阵，$V$ 中的列向量叫作右奇异向量。
- Σ 是 $m \times n$ 的矩阵，对角线元素是按照降序排列的非负数，这些元素叫作奇异值。其中有 r 个奇异值大于 0，剩下的 $p-r$ 个奇异值等于 0，$p = \min(m,n)$。r 是矩阵的秩。

对于 SVD 分解，读者只需要知道它的计算逻辑即可，不需要手工计算。

首先，计算 AA^{T}，得到的是一个 $m \times m$ 的对称方阵，既然是对称方阵，那么它是一定可以做正交分解的，即 $AA^{\mathrm{T}} = U\Lambda U^{\mathrm{T}}$。于是，对 AA^{T} 的结果做正交分解就能

得到左奇异矩阵 U 和 Λ。

其次，计算 $A^{\mathrm{T}}A$，得到的是一个 $n \times n$ 的对称方阵，这个对称方阵一定可以做正交分解，即 $A^{\mathrm{T}}A = V\Lambda V$。于是，对 $A^{\mathrm{T}}A$ 的结果做正交分解就得到右奇异矩阵 V 和 Λ。

最后，计算奇异值，$\Sigma = \sqrt{\Lambda}$。

这样就完成了 SVD 分解。

读者应该从 SVD 分解的步骤中发现了 PCA 的身影，不错，PCA 和 SVD 其实师出一门，PCA 可以看作 SVD 的一个特例，或者是只做了一半的 SVD。

第**11**章

降维技术哪家强

数据降维方法并非只有 PCA 一种，PCA 也不是包治百病的"灵丹妙药"。它有自己的局限——只能处理线性相关性。

目前，业界出现的降维技术有很多种，大致可以归为两类：线性和非线性。

- 线性降维包括 PCA 和 MDS。

- 非线性降维有 Isomap、LLE（Locally Linear Embedding）、SNE 和 t-SNE。

大家对线性降维中的 PCA 已经比较熟悉了，但是对非线性降维并不了解。目前非线性降维中的方法大多属于流形学习方法，多用在高维数据可视化上。

11.1 问题：高维数据可视化

可视化技术是一种数据分析的手段。惭愧地说，因为目前的算法还不够智能，必须依靠人类的智慧介入分析，所以，需要通过可视化技术把高维空间中的数据以二维或三维的形式展示出来，展示的效果如何也就直接决定了后续分析的难度。

人类目前的绘图能力只能绘制三维的图形，更高维度的就不行了。但实际面对的数据都是高维甚至超高维的，如果能够把高维数据在低维空间上展示，并由此发现其中的关系，将会为建模工作带来有益的启示。

常见的一些高维数据可视化的方法包括轮廓图（见图 11-1）、调和曲线图（见图 11-2）、热力图等，而流形学习用的是另一种思路。

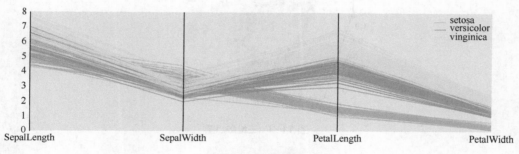

图 11-1 轮廓图

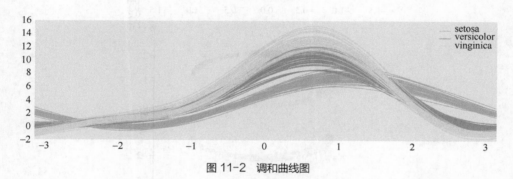

图 11-2 调和曲线图

比如说现有一个三维的数据集，用它画出的三维散点图如图 11-3 所示。

图 11-3 其实是三维空间中一个呈 S 形的"HELLO"。想象你在纸上写下 HELLO，然后一个捣蛋鬼把纸团成 S 形，就成了这个样子。图 11-4 是从另一个角度观察的样子。

如果想把这个图还原成一个平面该怎么做呢？这其实等价于数据降维的问题，把三维数据降成两维，我们期望的是能够还原出 HELLO 的样子。

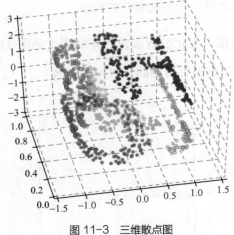

图 11-3　三维散点图

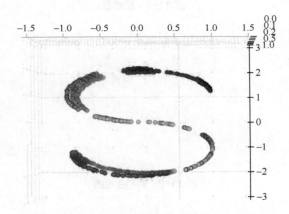

图 11-4　从另一个角度观察三维散点图

不妨用之前的 PCA 方法来试试，还原出来的效果如图 11-5 所示。

你可能会觉得不错啊，S 的形状保留下来了。但是如果用一个非线性降维的方法，你会看到如图 11-6 所示的结果。

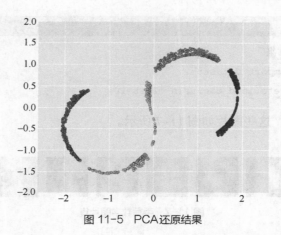

图 11-5 PCA还原结果

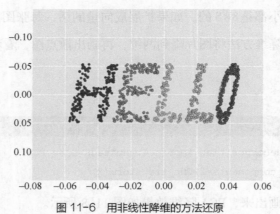

图 11-6 用非线性降维的方法还原

11.2 代码实战: 多种数据降维

接下来看看在真正的应用中, 不同的降维方法会有些什么不同。本节将使用手写数字识别数据集进行讲解。这个数据集一共包含 1797 张手写数字图片。一共只有 10 个阿拉伯数字, 自然就是代表了 10 类图片。接下来看看不同的降维方法能否给分类问题带来帮助。

首先, 加载手写数字识别数据集, scikit-learn 可以直接下载这份数据集:

加载手写数字识别数据集

```
1. #加载手写数字数据集
2. from sklearn import datasets
3. digits = datasets.load_digits(n_class=10)
```

抽取几张看看，这些图片如图 11-7 所示。

图 11-7   手写数字图片集

每张图片的大小都是 8×8 的，如果扩展成向量的话，每张图片就是一个 64 维的向量。然后用各种降维方法将图片降到两维，再画出散点图，看看是什么效果。

先来试试 PCA。

PCA 降维

```
1. from sklearn.decomposition import TruncatedSVD as PCA
2. X_pca = PCA(n_components=2).fit_transform(X)
```

把得到的结果画出来，PCA 降维效果如图 11-8 所示。

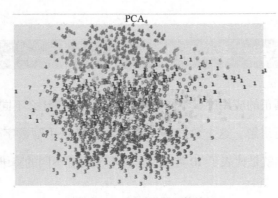

图 11-8   PCA降维后的效果

　　显然不同类别的图片都混在了一起，如果是在这样的特征基础之上，那无论哪一种分类方法应该都很难奏效。

　　再试试其他的降维方法。这里一共对比了 4 种典型的降维方法：PCA、MDS 是两种典型的线性降维方法；Spectral、tSNE 是两种典型的非线性降维方法。MDS、Spectral 和 tSNE 这 3 种降维方法在 scikit-learn 的 manifold 模块中，直接调用即可。

几种降维方法对比

```
1.  #MDS 降维
2.  from sklearn import manifold
3.  clf = manifold.MDS(n_components=2, n_init=1, max_iter=100)
4.  X_mds = clf.fit_transform(X)
5.
6.  #Spectral 降维
7.  embedder = manifold.SpectralEmbedding(n_components=2,
8.                                         random_state=0,
9.                                         eigen_solver="arpack")
10. X_se = embedder.fit_transform(X)
11.
12. #tSNE 降维
13. tsne = manifold.TSNE(n_components=2, init='pca', random_state=0)
14. X_tsne = tsne.fit_transform(X)
```

　　把 4 种降维方法得到的结果都画出来，得到的效果如图 11-9 所示。

　　可以看到，前两种线性降维方法的效果差不多，一个比较差，一个更差。

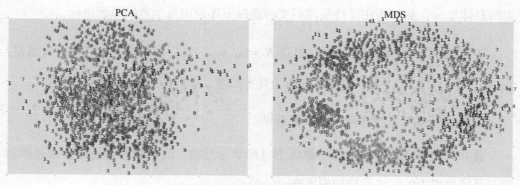

图 11-9　4 种方法的效果对比

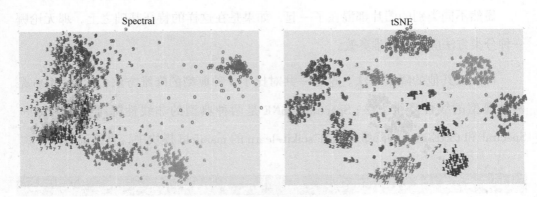

图 11-9　4 种方法的效果对比（续）

后面两种非线性降维方法就好些，尤其是最后一种 tSNE。读者一定非常好奇，这么好的方法是怎么做到的呢？

11.3　专家解读：从线性降维到流形学习

以 PCA 为代表的线性降维方法，它的原理在前面已经提过，这里不再赘述。

接下来看 MDS，严格地说，MDS 不是数据降维方法，而是数据还原技术。它最初的用途是为了解决这样的问题：已知样本点之间的相互距离，但不知道每个样本点的具体坐标，如何能在保持距离不变的前提下还原出每个点的原始坐标。

所以 MDS 是希望找到一组数据点 $X = (x_1, x_2, \cdots, x_n)$，让两点之间的距离满足：$\|x_i - x_j\| = d_{ij}$。如果将每个数据点限制为只有两维，那就恰好实现了数据降维。

MDS 还是其他非线性降维技术的基础。

通常人们所说的非线性降维都属于流形学习范畴。流形学习就是一种通过机器学习寻找数据中的非线性结构的方法。

流形假设（manifold hypothesis）

流形学习中有一个原始假设：流形假设。高维空间的数据点通常集中在一个维数更低的曲面（子流形）附近，比如图 11-10 所示的这种瑞士卷（swiss roll）的分布。

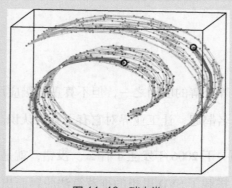

图 11-10 瑞士卷

对于这种分布，常用的欧氏空间距离是不适用的。

想象有一只小蚂蚁，要从图中的一个黑点走到另一个黑点（即两个黑圈里的点），显然得沿着曲面走啊，如果直接跳过去就摔死了。图 11-10 中的这两个点，如果用欧氏距离看的话是很近，但其实沿着曲面走的话，距离是很远的。

而所谓的流形学习，基本上可以看作在考虑这种非欧氏距离的基础上，结合 MDS 把高维数据重新映射到低维空间上。并且在低维空间上，点和点之间的欧式距离保持在高维空间中的非欧氏距离的关系。

流形学习目前还是比较新鲜的方法，多用在数据可视化上。读者也可以尝试更多的方法。

第 **12** 章

矩阵分解和隐因子模型

数据降维虽然是矩阵分解的应用之一，但不算重量级应用。从 2006 年开始，矩阵分解开始在工业界声名鹊起，让工业界对它有了新的认识。

于是，我们要回顾一下 2006 年发生了什么。没错，就是 Netflix 的推荐大赛。在这个百万美金大赛中，搭载了 SVD 思想的推荐算法脱颖而出，向世界证明了矩阵分解方法的应用价值。

另外，2006 年也可以看作本轮深度学习开始的元年，深度学习中一项重要的内容就是学习分布式表达，而用于推荐系统的矩阵分解和这个目标是一致的。

12.1 矩阵分解和隐因子模型概述

所谓隐因子模型的矩阵分解，其实就是把一个矩阵分解成两个矩阵相乘的形式，即：

$$X = A \times B$$

一旦分解成两个矩阵相乘的形式，就可以从业务的角度给 A、B 加上各种解释。

为了说清楚什么是隐因子模型，我们举个例子。假设一个学校有这样一些课程：现代中文语法、古文语法、现代中文阅读、古文阅读、现代中文听力和古文听力。

于是每个同学有 6 个成绩，所有同学的成绩就是一个矩阵，如图 12-1 所示。

读者可以这样理解，这 6 门课程其实考察了学生的两个能力——古文能力和白话文的能力，每门课程对两个能力的侧重点不同。

	现代中文语法	古文语法	现代中文阅读	古文阅读	现代中文听力	古文听力
s1						
s2						
s3						
s4						
s5						
s6						
s7						
s8						
s9						
s10						
s11						
s12						
s13						
s14						

图 12-1　学生成绩矩阵

学生成绩矩阵可以分解成两个矩阵 **A**、**B** 乘积的形式。可以这样理解 **A**、**B**：矩阵 **A** 抓取了每个学生在这两个能力上的个体差异；矩阵 **B** 捕获到了每个课程对两个能力的侧重程度（见图 12-2）。

$$X = A \times B$$

	现代中文语法	古文语法	现代中文阅读	古文阅读	现代中文听力	古文听力
s1						
s2						
s3						
s4						
s5						
s6						
s7						
s8						
s9						
s10						
s11						
s12						
s13						
s14						

A

	白话文能力	古文能力
s1		
s2		
s3		
s4		
s5		
s6		
s7		
s8		
s9		
s10		
s11		
s12		
s13		
s14		

B

	现代中文语法	古文语法	现代中文阅读	古文阅读	现代中文听力	古文听力
白话文能力						
古文能力						

图 12-2　学生成绩矩阵分解

隐因子模型最早出现在自然语言处理中，从最早的隐语义索引（LSI）到后来的概率隐语义分析（PLSA）、隐狄利克雷分布（LDA），其实都延用了这种思想，在这种应用背景下隐因子被解读为文章的主题，只不过它们具体的解决算法不同。

12.2 代码实战：SVD 和文档主题

假设有一个语料库，里面一共有 8 句话。前 4 句话和 Python 语言有关，后 4 句话和足球有关。

"Python is popular in machine learning",

"Distributed system is important in big data analysis",

"Machine learning is theoretical foundation of data mining",

"Learning Python is fun",

"Playing soccer is fun",

"Many data scientists like playing soccer",

"Chinese men's soccer team failed again",

"Thirty two soccer teams enter World Cup finals"

试着用隐因子模型对这个语料库进行学习，看看能够得到什么结果。

首先要对语料库做些转换，得到所谓的 Doc-Term 矩阵。可以用 scikit-learn 中的一个转换函数完成这件事。

得到 Doc-Term 矩阵

```
1.  vectorizer = CountVectorizer(min_df=1, stop_words="english")
2.  data = vectorizer.fit_transform(corpus)
```

上面的代码得到的矩阵如图 12-3 所示，每行代表一篇文档，每列代表语料库中的一个单词，而矩阵中的每个单元格代表单词计数，比如第一行第一列的数字 0 意味着在第一个文档中，单词 analysis 出现了 0 次。

	analysis	big	chinese	cup	data	distributed	enter	failed	finals	foundation	...
Python is popular in machine learning	0	0	0	0	0	0	0	0	0	0	...
Distributed system is important in big data analysis	1	1	0	0	1	0	0	0	0	0	...
Machine learning is theoretical foundation of data mining	0	0	0	0	1	0	0	0	0	1	...
Learning Python is fun	0	0	0	0	0	0	0	0	0	0	...
Playing soccer is fun	0	0	0	0	0	0	0	0	0	0	...
Many data scientists like playing soccer	0	0	0	0	0	0	0	0	0	0	...
Chinese men's soccer team failed again	0	0	1	0	0	0	0	1	0	0	...
Thirty two soccer teams enter World Cup finals	0	0	0	1	0	0	1	0	1	0	...

图 12-3　Doc-Term矩阵

接下来对这个矩阵进行分解，这里用的 TruncatedSVD 就是所说的隐因子方式的分解：

隐因子分解

```
3. model = TruncatedSVD(2)
4. data_n = model.fit_transform(data)
5. data_n = Normalizer(copy=False).fit_transform(data_n)
```

接下来看看分解得到的结果，先看每篇文章得到的向量：

```
6. pd.DataFrame(data_n,
            index = corpus,
            columns = ["component_1", "component_2"]
            )
```

会看到图 12-4 所示的效果。

	component_1	component_2
Python is popular in machine learning	0.508511	0.861056
Distributed system is important in big data analysis	0.817777	0.575535
Machine learning is theoretical foundation of data mining	0.60883	0.793301
Learning Python is fun	0.623728	0.781641
Playing soccer is fun	0.918749	−0.394842
Many data scientists like playing soccer	0.980248	−0.197774
Chinese men's soccer team failed again	0.78732	−0.616545
Thirty two soccer teams enter World Cup finals	0.716948	−0.697126

图 12-4 文章向量

现在每个句子都是一个二维的向量，可以看到前 4 个句子和后 4 个句子有明确的差异。这一点借助散点图（见图 12-5）可以看得更清晰。

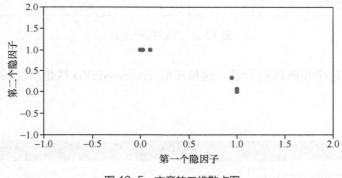

图 12-5 文章的二维散点图

还可以计算这些句子两两之间的相似度，得到的相似度矩阵如图 12-6 所示。

如果用图 12-7 所示的热力图观察会看得更清晰，显然前 4 个句子的相似度和后 4 个句子的相似度差异明显。

对于每个主题，还可以看到图 12-8 所示的单词分布，实现的代码如下：

单词的向量

```
7.  pd.DataFrame(model.components_,
8.              index = ["component_1", "component_2"],
9.              columns = vectorizer.get_feature_names()).T
```

	Python is popular in machine learning	Distributed system is important in big data analysis	Machine learning is theoretical foundation of data mining	Learning Python is fun	Playing soccer is fun	Many data scientists like playing soccer	Chinese men's soccer team failed again	Thirty two soccer teams enter World Cup finals
Python is popular in machine learning	1.000000	0.911416	0.992673	0.990209	0.127212	0.328172	-0.130519	-0.235689
Distributed system is important in big data analysis	0.911416	1.000000	0.954460	0.959933	0.524086	0.687798	0.289008	0.185083
Machine learning is theoretical foundation of data mining	0.992673	0.954460	1.000000	0.999821	0.246133	0.439910	-0.009762	-0.116531
Learning Python is fun	0.990209	0.959933	0.999821	1.000000	0.264424	0.456820	0.009156	-0.097722
Playing soccer is fun	0.127212	0.524086	0.246133	0.264424	1.000000	0.978691	0.966787	0.933950
Many data scientists like playing soccer	0.328172	0.687798	0.439910	0.456820	0.978691	1.000000	0.893705	0.840660
Chinese men's soccer team failed again	-0.130519	0.289008	-0.009762	0.009156	0.966787	0.893705	1.000000	0.994277
Thirty two soccer teams enter World Cup finals	-0.235689	0.185083	-0.116531	-0.097722	0.933950	0.840660	0.994277	1.000000

图 12-6　文章的相似度矩阵

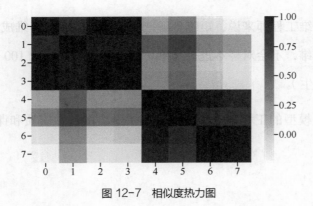

图 12-7　相似度热力图

	component_1	component_2
analysis	0.070773	0.057647
big	0.070773	0.057647
chinese	0.101164	-0.091687
cup	0.163603	-0.184113
data	0.370883	0.229668
distributed	0.070773	0.057647
enter	0.163603	-0.184113
failed	0.101164	-0.091687
finals	0.163603	-0.184113
foundation	0.139014	0.209638
fun	0.168073	0.040656
important	0.070773	0.057647
learning	0.280208	0.453848
like	0.161096	-0.037617
machine	0.216415	0.361324
men	0.101164	-0.091687
mining	0.139014	0.209638
playing	0.265375	-0.089485

图 12-8 单词向量

12.3 小结

对于数据降维工程师来说，矩阵分解把每个学生的成绩降维成两个成绩（通常只对特征进行降维，不会对样本进行降维，所以不大可能说把 100 个学生的成绩提炼出 5 个典型学生）。

对于隐语义模型的工程师来说，他发现了学生的能力资质和课程的侧重模型。皆大欢喜！

第二篇

概率

在"线性代数"篇我们介绍了人工智能的第一种建模方式——联立方程式。本篇将介绍第二种建模方式——基于概率论的、更准确地说是基于概率论的最大似然思想。

我们假设随机事件是服从某种概率分布的，该概率分布可以用一个数学函数表示。比如 $p(X = x \mid \theta) = f(x, \theta)$，该分布的参数是未知量（即分布已知，参数未知）。

按照最大似然的思想，已经发生的事件应该是概率最大的。于是对于一个数据集（已经发生的事件），我们把它出现的概率用一个似然函数表示：

$$L = \prod_{i=1}^{n} f(x_i, \theta)$$

我们的目标就是找到 θ 取何值时，能使似然函数的值最大，这个 θ 就是数据中蕴含的秘密。

表面上看起来，联立方程式和概率论是两种不同的思想，但二者殊途同归，最终都落到相同的数学问题上。这也着实体现了人工智能之美。

第 **13** 章

概率建模

前面的线性代数部分主要是构建了一些线性模型，从数据中学习到的是数学公式中的参数。除了使用数学公式以外，还可以利用概率进行建模。这时寻找的不再是一个数学公式，而是数据中蕴含的概率分布。这种解决问题的思路就是统计建模，或者叫统计机器学习。

"概率统计"是统计学习中重要的基础课程，因为机器学习很多时候就是在处理事物的不确定性，而"概率统计"就是研究不确定性的一门课程，是我们用来处理不确定性的工具。所以，读者需要掌握有关概率的一些重要概念。

13.1 概率

大学里讲"概率论"时，基本上开篇都用抛硬币的例子解释什么是概率。比如把一个硬币抛 100 次，如果 80 次正面朝上，就得到正面朝上的概率是 $80/100 = 0.8$。我们都是通过这种多次重复试验的例子建立对概率的理解，但这种概率只是概率的一种。

像这种通过大量试验得到的概率也叫客观概率（objective probability），也就是当我对一件事不确定时，我可以不断地重复这件事，通过大量的重复最终对不确定性有了结论。

但生活中还有一种不确定性是无法通过大量重复试验获得的，比如四大名著是一个作者写的概率有多大、本届世界杯德国小组出线的概率是多少，这种试验只能做一次，不可能重复多次，因此这种不确定性没有办法通过重复试验获得。即使如此，人们也会用一个数字去刻画这种不确定性，这种概率就是所谓的主观概率（subjective probability）。

主观概率的依据一般有两点，其一是根据经验或者知识，比如张三是和我一起工作的同事，老王完全是个陌生人，显然我会更偏信张三给出的判断。其二是根据利害关系，比如说四大名著是一个人写的很可能会被人耻笑，那就可以把可能性低估一些。

13.2　随机变量和分布

为了数学上计算的方便，人们会把研究对象的可能结果数量化，于是就有了随机变量。随机变量可以看作一个函数，它把随机试验的结果映射到一个实数域上。如果能用函数为随机变量的值和概率建立关系，就得到了随机变量的分布函数。

除了分布函数，人们还会用数字特征对随机变量进行描述。典型的数字特征包括均值、方差、协方差等。

研究分布其实就是想把"X取k的可能性有多大"这类问题的答案进行量化，从而可以进行计算和比较。统计学家已经为描述这种关系找到了若干个分布函数，每个分布函数都有它自己的参数，分布的参数就是分布的身份证，不同的分布拥有不同的参数，参数是具有实际意义的统计量。用概率思想建模的目的，就是希望能从数据中得到这些参数的值。

用概率思想建模，就是假设随机变量服从某种分布，然后用最大似然的思想把一个概率问题转化成数学问题求解。所以读者需要了解一些典型的分布。

13.2.1 （0–1）分布（伯努利分布）

如果一个事件的结果只有两种可能（0 或 1、成功或失败），这种结果只有两个的试验统称为伯努利试验。如果这个试验只做一次，那结果就是（0–1）分布。

如果用参数 μ 代表 $X = 1$ 的概率，于是就有：

$$\begin{cases} P\{X = 1\} = \mu \\ P\{X = 0\} = 1 - \mu \end{cases}$$

把两个式子综合，就有了分布函数：$Bern\{X = x\} = \mu^x (1 - \mu)^{1-x}$。

对于这种分布而言，它的统计量如下：

（1）均值：$E(X) = \mu$。

（2）方差：$\mathrm{Var}(X) = \mu(1 - \mu)$。

13.2.2　二项分布

如果把伯努利试验进行 n 次（也就是 n 重伯努利试验），用随机变量 X 表示结果中出现 1 的次数，这个随机变量的分布就是二项分布，记作 $X \sim B(n, p)$。

比如做 100 次掷硬币试验，字朝上的次数是 X，第一轮的 100 次试验得到的结果可能是 10；第二轮的 100 次试验得到的结果可能是 30，X 服从的就是二项分布。

因为这是一种离散型的随机变量，变量的可能结果是可数的有限个。对于每个可能结果，其概率均符合二项式定理，即：

$$P\{X=k\}=\mathrm{C}_n^k p^k(1-p)^{n-k}$$

$$\mathrm{C}_n^k=\frac{n!}{(n-k)!k!}$$

这些二次项的系数 C_n^k 构成了杨辉三角（西方叫 Pascal Triangle），如图 13-1 所示。

1
1 1
1 2 1
1 3 3 1
1 4 6 4 1
1 5 10 10 5 1
1 6 15 20 15 6 1
1 7 21 35 35 21 7 1

图 13-1 杨辉三角和二项分布的关系

二项分布的统计量如下：

（1）均值：$E(X)=np$。

（2）方差：$\mathrm{Var}(X)=np(1-p)$。

另外，二项分布虽然是用来刻画离散变量的，但是当 n 取极限时，二项分布会趋向正态分布。著名的高尔顿钉板试验就可以直观地证明这个结论，所以这些典型的分布彼此都是有关系的。

13.2.3 多项分布

多项分布是二项分布的直接延伸。一个随机试验有 k 种结果，各自的概率是 $p_1,p_2,\cdots,p_k(k>2)$，把同样的试验重复 n 次，用 x_i 代表第 i 种结果出现的次数，则 $x_1,x_2,\cdots,x_k$ 的联合分布是一个多项分布，概率函数是：

$$\begin{cases} P(x_1, x_2, \cdots, x_k) = \dfrac{n!}{x_1! x_2! \cdots x_k!} p_1^{x_1} p_2^{x_2} \cdots p_k^{x_k} \\ p_1 + p_2 + \cdots + p_k = 1 \\ x_1 + x_2 + \cdots + x_k = n \end{cases}$$

概率函数也可以用 Γ (Gamma) 函数表示成下面这种形式：

$$P(x_1, x_2, \cdots, x_k) = \frac{\Gamma(n+1)}{\prod\limits_{i=1}^{k} \Gamma(x_i + 1)} \prod_{i=1}^{k} p_i^{x_i}$$

什么是 Γ 函数

读者知道正整数的阶乘计算方法，比如 $1! = 1$，$2! = 2$，$3! = 6$，…如果把这些点用一条光滑的曲线连起来，这个曲线对应的函数就是 Γ 函数，如图 13-2 所示。

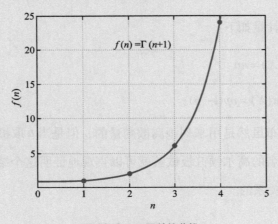

图 13-2 Γ 函数的曲线

所以，Γ 函数可以看作阶乘运算在实数域上的推广。

Γ 函数在实数域上的定义为：

$$\Gamma(t) = \int_0^{+\infty} x^{t-1} \mathrm{e}^{-x} \mathrm{d}x (t > 0)$$

对于正整数 n，$\Gamma(n+1) = n!$ 或 $\Gamma(n) = (n-1)!$。

13.2.4 正态分布

前面的 3 种分布都是针对离散变量的，而连续型数值变量最著名的当数正态分布了。正态分布的概率密度函数如下：

$$f(x) = \frac{1}{\sqrt{2\pi}\sigma} e^{\frac{-(x-\mu)^2}{2\sigma^2}}$$

函数的形态是钟形曲线，如图 13-3 所示。

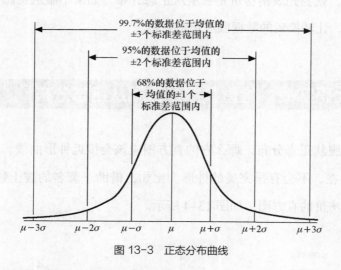

图 13-3　正态分布曲线

正态分布非常重要，它有几个重要的特点：

- 二项分布的极限就是正态分布；

- 根据中心极限定理，多个随机变量之和服从正态分布；

- 正态分布的经验法则，68% 的样本分布在均值的 ±1 个标准差范围内，95% 的样本分布在均值的 ±2 个标准差范围内，99.7% 的样本分布在均值的 ±3 个标准差范围内；

- 从正态分布衍生出的三大抽样分布也是统计学上的重要工具。

正态分布是一个非常重要的分布，很多统计方法都是建立在正态分布的前提下的。比如读者熟悉的线性回归就要求正态性。做数据分析时，通常会要求对数值型变量做些预检查，其中就包括检查数据是否服从正态分布。

检查数据是否服从正态分布有一些统计检验方法，比如 W 检验。但这些方法的统计味道太浓，作者更喜欢简单直观的方法。

最直观的方式是借助直方图观察。比如在研究房价问题时，如果想要用线性回归对房价建模，就要先观察房价是否服从正态分布。如果不服从正态分布，就需要对其进行转换，让转换后的数据服从正态分布。

13.3　代码实战：检查数据是否服从正态分布

如果数据服从正态分布，那么它的直方图应该会接近钟形曲线。当然，由于数据中噪声的存在，不会有很完美的钟形。比如，借助于著名的波士顿房价数据集，我们可以画出房价的直方图，如图 13-4 所示。

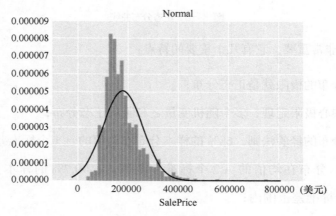

图 13-4　房价直方图

绘制房价直方图

```
1. import seaborn as sns
2. import matplotlib.pyplot as plt
3. import scipy.stats as st
4. sns.distplot(y, kde=False, fit=st.norm)
5. plt.title('Normal')
```

从图 13-4 所示的直方图中可以看出，房价是不服从正态分布的，很明显它是右偏分布。对于这种数据，通常要先对其进行某种变换，比如做个对数变换，转换后的结果如图 13-5 所示。

房价数据对数变换

```
6. SalePrice_log = np.log(train['SalePrice'])
7. sns.distplot(SalePrice_log,fit=st.norm)
```

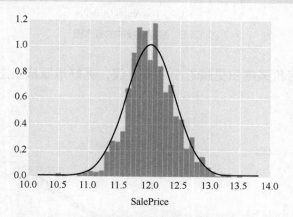

图 13-5 对房价进行对数变换后的直方图

从图 13-5 可以得到结论，房价经过对数变换后更加符合正态分布。这也提示建模时用变换后的数据建模效果可能会更好。

另外，还可以通过概率图来观察数据分布的正态性，绘制概率图的代码如下：

数据变换前的概率图

```
8. import scipy.stats as st
9. st.probplot(train['SalePrice'], plot=plt)
```

得到的概率图如图 13-6 所示。

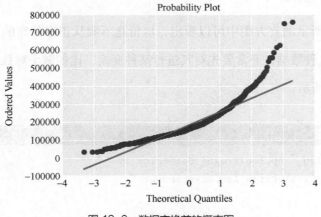

图 13-6　数据变换前的概率图

而转换后的房价概率图更接近于一条直线，更好地服从正态分布，如图 13-7 所示。

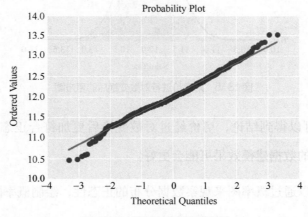

图 13-7　数据变换后的概率图

13.4　专家解读：为什么正态分布这么厉害

自然界中很多现象都会服从正态分布，比如身高、体重、降雨量，那为什么正态分布就这么厉害呢？

因为统计学上有一个非常厉害的定理：中心极限定理。

"中心"二字没什么特殊含义，估计当初那些数学家认为自己的发现是宇宙中心吧，所以在这个定理前面加上了"中心"二字，以凸显其地位。

"极限"二字就是在样本数量趋于无穷大时，数据所表现出来的一些规律性。

中心极限定理说：不论随机变量独立同分布于何种分布，只要它们的均值和方差都存在，把 n 个 X 加起来，在大样本的情况下，这个和就服从正态分布。

上面这段话很拗口，我用白话翻译一下：不管原来数据是什么样的分布，甚至它们无分布规律，但如果我们从这些数据中抽样，然后再从抽样数据中得到一些统计量，这些统计量就服从正态分布，好像冥冥中注定的一样。

也正是因为这样一个结论，所以很多时候对未知的事情都可以做个正态分布的假设。

13.5　小结

本章介绍了概率的一些重要概念，掌握这些概念对于后续的基于概率建模非常重要。接下来的几章会从不同的角度利用概率进行建模。

第 **14** 章

最大似然估计

最大似然思想是频率学派使用的概率建模思想基础，它是基于最大似然原理提出的。为了说明最大似然原理，先看个例子。

某同学与一位猎人一起外出打猎。忽然，一只野兔从前方蹿过，只听一声枪响，野兔应声倒下。若让你推测一下是谁打中的野兔，你会怎样想？

通常来说，一个训练有素的猎人一枪打中兔子的概率肯定比一个从未拿过枪的同学的概率大，所以这一枪极有可能是猎人打的。

这一想法就包含了最大似然原理的基本思想。

为了进一步体会最大似然原理的思想，再看一个抛硬币的例子：假设有一个硬币，我们对它的特点一无所知，不妨认为抛出去之后正面朝上的概率 P 可能是 0.1、0.3 或 0.6，如果我随手一抛，竟然是正面朝上，P 应取何值？

作者会认为这一事件发生的概率是 0.6，而非其他数值。

14.1 最大似然原理

所谓最大似然原理，实质是以下两点：

- 概率大的事件在一次试验中更容易发生；
- 在一次试验中发生了的事件，其概率应该最大。

在用概率思想对数据建模时，通常会假设这些数据是从某一种分布中随机采样得到的，比如正态分布，可是我们并不知道这个正态分布是什么样的，均值和方差两个参数未知，也就是"模型已定，参数未知"的问题。这时就可以用最大似然的思想建模，最终得到对模型参数的估计。总之，最大似然估计的目标是找出一组参数，使得模型生成观测数据的概率最大即可。

14.2 代码实战：最大似然举例

假设现在有 1000 个人的身高数据，也知道身高是服从正态分布的，那么身高的均值和方差该怎么估算呢？虽然知道均值、方差的公式，但那只是教科书上的结论，我们试着从最大似然的角度去理解。

下面的代码用 $h \sim (\mu = 1.6, \sigma = 0.2)$ 正态分布采样生成 1000 个身高数据用于测试。然后看看什么参数能让似然函数值最大，这等价于负对数似然函数值最小。

生成 1000 个身高数据

```
1. from scipy.stats import norm
2. N , mu, sigma =1000, 1.6, 0.2
3. data = norm.rvs(loc=mu, scale=sigma,size = N)
```

既然身高服从正态分布，那么只要知道均值和方差，对于一个具体的身高值是可以计算出这个身高出现的概率的。可以用 scipy.stats.norm.cdf 方法来计算，比如：

计算概率

```
4. def norm_prob(x,mu, sigma):
```

```
5.        p = norm(mu,sigma).cdf(x+0.0001) - norm(mu,sigma).cdf(x-0.0001)
6.        return p
```

这里计算概率值用的不是 pdf，而是两个 cdf 之差。因为 SciPy 的 pdf 返回结果可能会大于 1，比如：

```
norm.pdf(x=1.8,loc=1.6,scale=0.2)

#得到的结果是
1.209853622595717
```

大于 1 的结果显然不符合我们对于概率的认知，概率应该是 0 ~ 1 的小数。这并不是 SciPy 的 bug。pdf 计算的是概率密度，不是概率，概率密度可以是大于 1 的数字。

然后定义一个负对数似然函数。

定义负对数似然函数

```
7.  def loglikelihood(data,mu,sigma):
8.      l = 0.0
9.      for x in data:
10.         l -= np.log(norm_prob(x,mu,sigma))
11.     return l
```

好了，有了这些辅助工具后，就可以计算在任何一种均值、方差下数据的似然函数值了。假设方差固定，我们通过变换不同的均值，来看似然函数值的变化情况：

计算数据集的似然函数值

```
12. mus = [1.4,1.5,1.6,1.7,1.8,1.9,2.0]
13. sigma =0.1
14. l = [loglikelihood(data,mu2,sigma) for mu2 in mus]
```

可以看到如图 14-1 所示的结果。

	mu	-logl
0	1.4	10978.790260
1	1.5	9513.150704
2	1.6	9047.105717
3	1.7	9581.059419
4	1.8	11115.012787
5	1.9	13648.965822
6	2.0	17182.918523

图 14-1　似然函数值

如果画出图来，你会发现函数曲线是如图 14-2 所示的碗形曲线。其实这是非常受欢迎的一种函数——凸函数。凸函数的意义本书后面会介绍。

从图 14-2 中可以很清楚地看到，在 $\mu = 1.6$ 的时候，负对数似然函数有最小值，相当于似然函数值在这一点最大。所以，现在就可以根据最大似然原理说这些人的平均身高是 1.6 m。

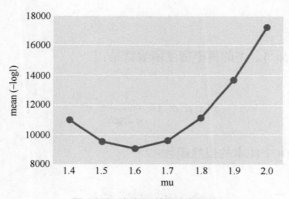

图 14-2　似然函数是个凸函数

14.3　专家解读：最大似然和正态分布

在上面的例子中，我们使用穷举法找到了使得似然值最大的参数 μ、σ，但这种方法效率太低。接下来用数学的方法一步到位地找到参数值，这也是教科书上告诉我们的方法。

一个最大似然估计的数学过程包括以下几步：

- 利用假设的数据分布写出数据集的似然函数（类似于联合概率密度函数），
$L(\theta) = \prod_{i=1}^{n} p(x^{(i)}, \theta)$；

- 似然函数是个若干项连乘的形式，在数学上不好求解，为了让问题好解，对似然函数取对数得到对数似然函数；

- 对数似然函数求导数得到驻点（最大值点）；

- 将样本值代入驻点的表达式，就得到参数的估计值。

以正态分布为例，假设数据总体 X 服从正态分布，即 $X \sim N(\mu, \sigma^2)$，正态分布的参数 μ、σ^2 未知。$(X^{(1)}, X^{(2)}, \cdots, X^{(n)})$ 是来自总体的 n 个样本，试求 μ、σ^2 的似然估计。我们看一下用最大似然估计应该如何解这个问题，以及最后得到的结论是什么。

既然 $X \sim N(\mu, \sigma^2)$，X 的概率密度函数就是：

$$f(x; \mu, \sigma^2) = \frac{1}{\sqrt{2\pi}\sigma} e^{-\frac{(x-\mu)^2}{2\sigma^2}}$$

于是可以建立 n 个样本的似然函数：

$$L(\mu, \sigma^2) = \prod_{i=1}^{n} \frac{1}{\sqrt{2\pi}\sigma} e^{-\frac{(x^{(i)}-\mu)^2}{2\sigma^2}}$$

$$= (2\pi)^{-\frac{n}{2}} (\sigma^2)^{-\frac{n}{2}} e^{\left[-\frac{1}{2\sigma^2} \sum_{i=1}^{n} (x^{(i)}-\mu)^2\right]}$$

对其取对数，得到对数似然函数：

$$\ln L = -\frac{n}{2}\ln(2\pi) - \frac{n}{2}\ln\sigma^2 - \frac{1}{2\sigma^2}\sum_{i=1}^{n}(x^{(i)} - \mu)^2$$

要让对数似然函数取最大值，对其求导，寻找导数为 0 的驻点：

$$\frac{\partial}{\partial\mu}\ln L = \frac{1}{\sigma^2}\left[\sum_{i=1}^{n}(x^{(i)} - \mu)\right]$$

$$\frac{\partial}{\partial\sigma^2}\ln L = -\frac{n}{2\sigma^2} + \frac{1}{2(\sigma^2)^2}\sum_{i=1}^{n}(x^{(i)} - \mu)^2$$

通过令导数为 0，可以得到下面的结果：

$$\mu = \frac{1}{n}\sum_{i=1}^{n}x^{(i)} = \overline{x}$$

$$\sigma^2 = \frac{1}{n}\sum_{i=1}^{n}(x^{(i)} - \overline{x})^2$$

这两个结果是不是很眼熟，这不就是教科书上的正态分布的均值和方差的公式吗？只不过教科书上直接把结论抛出来，而我们不假思索地全盘接受，从来没有想过它是怎么来的。其实就是用最大似然的思想推导得到的。

前面这个例子中，我们用最大似然估计的方法推导出了正态分布的两个参数。但这好像没什么用，教科书上已经白纸黑字地明确告诉我们了。其实，我们只是用前面的例子热身，它的真正意义在于建模以及参数的推导。

14.4 最大似然和回归建模

假设线性回归模型的误差 ϵ 服从均值为 0、方差为某个定值的正态分布，即

$\epsilon \sim N(0, \sigma^2)$。数据集的误差的对数似然函数如下：

$$
\begin{aligned}
\ln L &= \sum_{i=1}^{n} p(\epsilon^{(i)}) \\
&= \sum_{i=1}^{n} \ln p[h_\theta(x^{(i)}) - y^{(i)}] \\
&= \sum_{i=1}^{n} \ln \frac{1}{\sqrt{2\pi}\sigma} e^{-\frac{[h_\theta(x^{(i)}) - y^{(i)}]^2}{2\sigma^2}}
\end{aligned}
$$

这个式子中的 n 是样本数量，σ^2 是正态分布的方差，都可以看作已知量，可以忽略。于是求对数似然函数的最大值等价于求下式的最小值：

$$
\frac{1}{2} \sum_{i=1}^{n} [h_\theta(x^{(i)}) - y^{(i)}]^2
$$

这个式子和之前用最小二乘法时定义的损失函数何其相似？所以，最大似然估计法和最小二乘法并不矛盾，二者殊途同归。

14.5   小结

本章介绍了最大似然的思想，它是频率学派中做参数估计的重要工具，并在实际中有着广泛的应用。比如在回归问题中，我们其实可以从最大似然推导出最小二乘。所以读者会发现，机器学习中的很多方法都是相通的，从不同的角度建模最终都能归结到同一个问题上。

第 **15** 章

贝叶斯建模

通过之前的学习，读者应该对机器学习有了感性的了解了。所谓机器学习，无非就是根据数据建立模型。之前用线性回归方法建立的模型是一个数学公式或者是一个函数。本章介绍另一种直接学习数据中概率分布的建模方式——贝叶斯建模。先了解一些重要的概念。

15.1　什么是随机向量

人们在研究事件的统计规律时，会用随机变量对一个随机现象进行量化。有些随机现象可以用一个变量描述，例如某一时间内公共汽车站排队候车的乘客人数。有些随机现象需要同时用多个随机变量来描述。例如，子弹着点的位置需要两个坐标才能确定，它有两个随机变量。再比如一个人的体检指标，包括身高、体重、血压、心率等，这些指标都属于同一个人，彼此之间是相互影响的，并不完全独立，所以不能简单地看作 n 个随机变量。为了区别，人们用一个 n 维的随机向量来表示它。

虽然看起来随机向量好像只是把几个随机变量放在一起而已，但重要的是这些变量描述的是同一个随机试验，它们是同步变化的。

一维随机向量可以看作在数轴上取随机点；二维随机向量（X，Y）可以看作平面上的随机点；同样的思路，多维随机向量就是高维空间中的点了。

对于随机向量来说，还是要研究它的分布、分布函数、统计量这些内容，只是研究的工具变了。

15.2　随机向量的分布

以二维随机向量（X，Y）为例，其性质不仅和 X、Y 有关，还依赖于两个随机变量的相互关系。因此，对于随机向量的研究通常是从 3 个方面进行的。

- （X，Y）作为一个整体：研究其联合分布，因为它把所有随机变量作为一个整体考虑，所以用联合这个词。

- X、Y 分别作为个体：研究边缘分布，因为是对各个随机变量个体进行研究，又要将其与单纯的随机变量相区别，所以叫边缘。

- X、Y 的相互影响：研究条件分布。

研究二维随机向量的方法可以自然地推广到多维随机向量。

比如小花同学玩掷骰子游戏，他一共掷了 5 次骰子，假设掷出 5 的次数是 X，掷出 6 的次数是 Y，显然 X、Y 这两个数字是相互影响的。该怎么研究 X、Y 以及它们的关系呢？

首先，可以研究它们的联合分布 $p(x,y) = P\{X = x, Y = y\}$，会有如下结果。

- x：代表 5 出现的次数，可能值为 0、1、2、3、4、5。

- y：代表 6 出现的次数，可能值为 0、1、2、3、4、5。

- 出现其他数字的情况统一用 z 表示：$z = 5 - x - y$。

于是出现 x 次 5 和 y 次 6 的可能性就是一个组合问题：

$$p(x,y) = P\{X = x, Y = y\} = K\left(\frac{1}{6}\right)^x\left(\frac{1}{6}\right)^y\left(\frac{4}{6}\right)^{5-x-y}$$

其中，系数 $K = \dfrac{5!}{x!\,y!\,(5-x-y)!}$。

于是：

$$p(x,y) = \frac{5!}{x!\,y!\,(5-x-y)!}\left(\frac{1}{6}\right)^x\left(\frac{1}{6}\right)^y\left(\frac{4}{6}\right)^{5-x-y}$$

我们完全可以把所有的可能性都计算出来记录到一个表里，假设用行代表 5 出现的次数，用列代表 6 出现的次数，如表 15–1 所示。表 15–1 的计算结果是通过 Excel 得到的（计算精度保留 5 位小数，余同）。

表 15–1　掷骰子问题的联合分布

	$p(x,y)$	Y					
		0	1	2	3	4	5
X	0	0.131 69	0.164 61	0.082 30	0.020 58	0.002 57	0.000 13
	1	0.164 61	0.164 61	0.061 73	0.010 29	0.000 64	0.000 00
	2	0.082 30	0.061 73	0.015 43	0.001 29	0.000 00	0.000 00
	3	0.020 58	0.010 29	0.001 29	0.000 00	0.000 00	0.000 00
	4	0.002 57	0.000 64	0.000 00	0.000 00	0.000 00	0.000 00
	5	0.000 13	0.000 00	0.000 00	0.000 00	0.000 00	0.000 00

还可以研究 X 和 Y 的边缘分布。所谓边缘分布，是指在多维随机向量中，只包含其中部分变量的概率分布。比如：

- $P\{X = x\}$ 就是只考虑 X 的分布，而不关心 Y，所以叫 X 的边缘分布；

- $P\{Y = y\}$ 就是只考虑 Y 的分布，而不关心 X，所以叫 Y 的边缘分布。

为了得到边缘分布，可以这样做：在表格的右侧增加一列，其内容为各行的汇总求和，得到的就是 X 的边缘分布，即 $P(X)$。同理，在表格下面增加一行，其内容为各列的汇总求和，这一行就是 Y 的边缘分布，即 $P(Y)$。在 Excel 中的计算结果见表 15–2。

表 15–2　两个变量的边缘分布

$p(x,y)$		Y						$P(X)$
		0	1	2	3	4	5	
X	0	0.131 69	0.164 61	0.082 30	0.020 58	0.002 57	0.000 13	0.401 88
	1	0.164 61	0.164 61	0.061 73	0.010 29	0.000 64	0.000 00	0.401 88
	2	0.082 30	0.061 73	0.015 43	0.001 29	0.000 00	0.000 00	0.160 75
	3	0.020 58	0.010 29	0.001 29	0.000 00	0.000 00	0.000 00	0.032 16
	4	0.002 57	0.000 64	0.000 00	0.000 00	0.000 00	0.000 00	0.003 21
	5	0.000 13	0.000 00	0.000 00	0.000 00	0.000 00	0.000 00	0.000 13
$P(Y)$		0.401 88	0.401 88	0.160 75	0.032 16	0.003 21	0.000 13	1.000 01

最后，还可以分析条件分布。也就是在其中一个随机变量固定的条件下，另一随机变量的概率分布，记作 $P(Y|X)$，即在给定 X 条件下 Y 的概率分布。

就小花掷骰子的例子而言，条件分布就是类似已经知道有 2 次 5 朝上的条件下，求 6 朝上的次数的各种可能性，即 $P\{Y|X=2\}$。

这个结果也可以根据贝叶斯公式计算，用 Excel 的计算结果如表 15–3 所示。

表 15–3 条件分布

P(Y|X)	Y					
	0	1	2	3	4	5
X 0	0.327 68	0.409 60	0.204 79	0.051 21	0.006 39	0.000 32
1	0.409 60	0.409 60	0.153 60	0.025 60	0.001 59	0.000 00
2	0.511 98	0.384 01	0.095 99	0.008 02	0.000 00	0.000 00
3	0.639 93	0.319 96	0.040 11	0.000 00	0.000 00	0.000 00
4	0.800 62	0.199 38	0.000 00	0.000 00	0.000 00	0.000 00
5	1.000 00	0.000 00	0.000 00	0.000 00	0.000 00	0.000 00

15.3 独立VS不独立

有了之前的基础概念之后，我们就可以定义事件的独立和不独立了。

- 如果两个事件 A、B 独立，则它们的联合概率 $P(AB) = P(A)P(B)$。

- 如果两个事件 A、B 不独立，则联合概率 $P(AB) = P(A)P(B \mid A) = P(B)P(A \mid B)$。

假设一个女孩聪明的概率是 0.1，漂亮的概率是 0.1，对人工智能感兴趣的概率是 0.001，再假设这 3 件事相互独立，那么一个女孩既聪明、又漂亮，又对人工智能感兴趣的联合概率就是：

$$P\{girl = (clever, beautiful, MachineLearning)\} = 0.1 \times 0.1 \times 0.001$$

15.4 贝叶斯公式

如果两个随机变量不独立，就可以得到著名的贝叶斯公式：

$$P(A \mid B) = \frac{P(A)P(B \mid A)}{P(B)}$$

贝叶斯公式之所以非常重要，是因为在机器学习中建的模型可以表示成 $P(H \mid D)$。

D 代表拥有的数据，而 H 则代表对数据中隐藏的模型做出的假设。根据贝叶斯公式就有：

$$P(H \mid D) = \frac{P(D \mid H)P(H)}{P(D)}$$

其中：

- $P(H \mid D)$ 称为后验概率；
- $P(D \mid H)$ 称为似然；
- $P(H)$ 称为先验概率；
- $P(D)$ 是个归一化因子，在某些问题中不重要，可以忽略，在某些问题中必须要计算，但通常这部分不容易甚至无法计算，于是会衍生出很多更复杂的算法，比如 MCMC 采样技术。

贝叶斯公式从形式上看似乎很简单，而且计算也不复杂，但它是贝叶斯学派的法宝。它成功地引入了先验知识，对频率学派的最大似然估计法进行了改进。

15.5 小结

业界大牛是这样评价贝叶斯建模方法的："人工智能领域出现过 3 个最重要的进展：深度神经网络、贝叶斯概率图模型和统计学习理论。从 2010 年以来，由于深度神经网络在语音和图像等领域的巨大成功，其重要性被学术界和工业界广泛接受和推荐。相对而言，同样具有巨大使用价值的贝叶斯方法远没有受到充分重视。我个人相信，在下一个 10 年里，工程师掌握贝叶斯，就像今天掌握 Python 编程语言一样重要和普遍。"

好吧，为了前途，还是加油吧！

第 **16** 章
朴素贝叶斯及其拓展应用

到目前为止，本书一直在用回归问题做例子，其实机器学习还可以解决分类问题。比如，让计算机识别一张图片上的图案是猫还是狗，即猫狗图片识别，这就是一个二分类问题。再比如手写数字识别，就是识别出图案是 0 ~ 9 这 10 个类别中的哪一类。这些都是分类问题。

朴素贝叶斯是一种用来解决二分类问题的方法，它也是最简单、最快速的方法，尤其适合高维数据。正是由于这种方法简单、快速，所以经常拿来用作机器学习的入门模型。

朴素贝叶斯的一个成熟应用是垃圾邮件分类问题。关于这个应用，网上有太多的案例，本章会用一个商品评论分类的例子来做讲解。所谓商品评论分类，就是判断用户的评论是褒义还是贬义的，这其实是属于自然语言处理中情感分析的一个应用。

16.1　代码实战：情感分析

我们收集到的用户评论是这样的：

昨晚看着看着就睡着了，今天早晨醒来就立马抓起继续啃，正逢小说结尾部分，也正如作者的

昨天我把这套书看完了，结尾我不是很喜欢有点太戏剧了，但对书中的主人公却是最好的安排

昨天晚上看完了，此书揭开了猎头的神秘面纱，将猎头与HR的运作展现在人们面前。以小说的

昨天带宝宝在朋友的小区玩。有工人正在植树，宝宝目不转睛地观察着。妈妈告诉宝宝，他们

最真实与实用的白领成长故事，也是目前为止我所读过的最深刻的白领生活工作的总结。看了

最早认识张曼娟，是在张清芳的CD上边，作为一位写词人。细腻的文字连歌词也写得像情书，

纸质很差，封面也很烂，像盗版书，内容很乱，写得不好，啰哩罗嗦

纸质差，总体只比盗版书好一点儿。

纸张的质量也不好，文字部分更是倾斜的，盗版的很不负责任，虽然不评价胡兰成本人，但是文

纸张不好，编校质量太烂，别字连篇。内容还可以。

职场如战场在这部小说里被阐述的淋漓尽致，拉拉工作勤奋如老黄牛，但性格却更似倔牛；王伟

只在收到的时候翻了两下，质量还可以，内容一般

只有口号，没有深度。杂乱无章，正是浪费我们的时间。不过可能针对的读者对象不一样。建议

首先，需要对中文评论做分词处理，分词工具就用 jieba 好了。

数据集分词

```
1. import codecs
2. import jieba
3. corpus = []
4. with codecs.open(neg_data,encoding='utf-8') as f:
5.     for line in f:
6.         words = list(jieba.cut(line.replace('|','')))
7.         corpus.append(' '.join(words))
8. neg_df = pd.DataFrame()
9. neg_df['content'] = corpus
10.neg_df['label'] = 0
```

经过分词处理后，得到的数据框如图 16-1 和图 16-2 所示。图 16-1 所示的是部分褒义的评价。

	content	label
0	昨晚 看着 看着 就 睡着 了 ，今天 早晨 醒来 就 立马 抓起 继续 啃 ，正逢 小……	1
1	昨天 我 把 这套 书 看 完 了 ，结尾 我 不是 很 喜欢 有点 太 戏剧 了 ，但……	1
2	昨天 晚上 看 完 了 ，此书 揭开 了 猎头 的 神秘 面纱 ，将 猎头 与 HR 的……	1
3	昨天 带 宝宝 在 朋友 的 小区 玩 。有 工人 正在 植树 ，宝宝 目 不转睛 地 观……	1
4	最 真实 与 实用 的 白领 成长 故事 ，也是 目前 为止 我 所 读 过 的 最 深刻……	1

图 16-1   褒义的评价

图 16-2 所示的是部分贬义的评价。

	content	label
0	纸质 很差，封面 也 很烂，像 盗版 书，内容 很 乱，写得 不好，哼……	0
1	纸质 差，总体 只 比 盗版 书 好 一点儿。	0
2	纸张 的 质量 也 不好，文字 部分 更是 倾斜 的，盗版 得 很 不负责任，虽……	0
3	纸张 不好，编校 质量 太烂，别字 连篇。内容 还 可以。	0
4	职场 如 战场 在 这部 小说 里 被 阐述 得 淋漓尽致，拉拉 工作 勤奋 如 老黄牛……	0

图 16-2　贬义的评价

其实目前的语料库并不完美，还应该做进一步的处理，比如去除停止词，去除标点符号、换行符之类的操作。但这并不是当前的重点，接下来直接用 scikit-learn 来看怎么应用朴素贝叶斯。

首先要把评论内容向量化，这里直接使用 CountVectorizer。读者可以尝试用 TF–IDF 甚至 Word2Vec、LDA 等更加复杂的模型做文本的预处理。

评论的向量化

```
11. from sklearn.feature_extraction.text import CountVectorizer
12. cv=CountVectorizer()
13. counts = cv.fit_transform(corpus_df['content'].values)
```

然后使用朴素贝叶斯训练模型。

朴素贝叶斯

```
14. from sklearn.naive_bayes import MultinomialNB
15. classifier = MultinomialNB()
16. targets = corpus_df['label'].values
17. classifier.fit(counts, targets)
```

得到模型后，可以做些简单的测试来验证模型的效果。

模型效果评估

```
18. examples = [u'这 本 书 真差', u"这个 电影 还 可 以"]
19. example_counts = cv.transform(examples)
20. classifier.predict(example_counts)
21. #预测结果
22. array([0, 1], dtype=int64)
```

两个测试数据都预测正确了。但其实用朴素贝叶斯做情感分析的效果不如在垃圾邮件分类中那么显著，所以把它作为一种基线模型就好了。对于模型的真实效果，应该通过 k 折验证进行评测，不过这不是本节的重点，这里的重点是理解情感分析背后的思想。

16.2   专家解读

贝叶斯的原始公式虽然看起来很简单，但是过于抽象，如果用一些更有意义的内容替换掉符号或许会更直观些。比如在垃圾邮件分类的场景下，贝叶斯概率可以看作：

$$P(class \mid mail) = \frac{P(mail \mid class)P(class)}{P(mail)}$$

- $P(class \mid mail)$ 叫作后验概率。对于垃圾邮件分类问题来说，就是判断一封邮件属于哪一种分类，这时需要分别计算属于每一类的概率 $P(class = ham \mid mail)$、$P(class = spam \mid mail)$，然后选择概率最大的一类作为决策。

- $P(class)$ 叫作先验概率。

- $P(mail)$ 叫作边缘概率。

- $P(mail \mid class)$ 叫作数据的似然。

用于文本分类的朴素贝叶斯通常有两个版本：多项模型朴素贝叶斯和伯努利模型朴素贝叶斯。

伯努利分布是指只有两个可能结果的单次试验，最典型的例子就是掷硬币。将伯努利模型应用于文本问题上时，就是只关心一个词是否出现过，而不关心出现的次数。

多项分布是二项分布的推广形式，多项分布就是每次试验结果可能有多个，不止局限在伯努利试验中的两个结果。当把多项分布应用在文本问题上时，所关心的就是一个词出现的次数，而不再是是否出现了。

对于两种分布的朴素贝叶斯相关的成分是这样计算的，对多项分布来说，

$$\text{先验概率：} P(c) = \frac{\text{类}c\text{下的单词总数}}{\text{整个语料库的单词总数}}$$

$$\text{条件概率：} P(w|c) = \frac{\text{类}c\text{下单词}w\text{在各个文档中出现过的次数之和} + 1}{\text{类}c\text{下单词总数} + |V|}$$

其中，V 是语料库的词典，$|V|$ 表示词典中单词的数量。

对于伯努利分布来说，

$$\text{先验概率：} P(c) = \frac{\text{类}c\text{下的文档总数}}{\text{整个训练样本的文档总数}}$$

$$\text{条件概率：} P(w|c) = \frac{\text{类}c\text{下包含单词}w\text{的文档数} + 1}{\text{类}c\text{下文档总数} + 2}$$

以上过程可以帮助我们理解基于伯努利和多项分布的朴素贝叶斯模型。朴素贝叶斯假设特征之间是独立的，在文本的场景中就是一个单词的出现和其他单词是否

出现完全没有关系。虽然这种假设不正确，但是确实可以简化模型，在实际应用尤其是垃圾邮件分类中也有不错的效果。

16.3 代码实战：优选健身计划

贝叶斯方法提供的是一个框架，并没有说只限定于离散型随机变量的建模，也可以把它用在连续型随机变量的建模上，这个时候只需要将对应特征的概率公式进行替换就可以了。

比如，有个健身馆设计了两组训练计划 i100、i500，健身馆希望根据用户的性别、生理条件向用户推销合适的训练计划。假设采集到的数据集如图 16-3 所示。

	Gender	Height	Weight	Size	Team
0	male	6.00	180	12	i100
1	male	5.92	190	11	i100
2	male	5.58	170	12	i500
3	male	5.92	165	10	i100
4	female	5.00	100	6	i500
5	female	5.50	150	8	i100

图 16-3　健身数据集

在这份数据中，性别是离散型的变量，而身高、体重、体型都是连续型数值变量。运营方希望从这些数据中能够学出一个模型，然后为其他用户比如 Tom 自动地提供训练计划指导。那么怎么套用朴素贝叶斯模型呢？

对问题进行分析可以知道，对于用户 Tom 而言，实际上是要计算他选择两种训练计划的后验概率，也就是要计算下面这两个结果：

$$P(\text{Tom买i100}|\text{Tom的数据}) = \frac{P(\text{Tom的数据}|\text{Tom买i100}) \times P(\text{Tom买i100})}{P(\text{Tom的数据})}$$

$$P(\text{Tom买i500}|\text{Tom的数据}) = \frac{P(\text{Tom的数据}|\text{Tom买i500}) \times P(\text{Tom买i500})}{P(\text{Tom的数据})}$$

然后用其中最大的一个作为分类结果。

按照朴素贝叶斯的假设，变量之间是没有关系的、是独立的，所以上面的式子可以进一步展开如下：

$$P(\text{i100}|\text{Tom}) = \frac{P(\text{i100})P(s|\text{i100})P(h|\text{i100})P(w|\text{i100})P(g|\text{i100})}{P(\text{Tom})}$$

$$P(\text{i500}|\text{Tom}) = \frac{P(\text{i500})P(s|\text{i500})P(h|\text{i500})P(w|\text{i500})P(g|\text{i500})}{P(\text{Tom})}$$

假设身高（Height）、体重（Weight）都服从正态分布，因此它们的概率应该用下列的正态分布公式计算：

$$f(x) = \frac{1}{\sqrt{2\pi}\sigma} e^{\frac{-(x-\mu)^2}{2\sigma^2}}$$

于是学习过程是这样的。首先学习各个健身方案的先验分布。

学习先验分布

```
1.  n_i100 = data['Team'][data['Team'] == 'i100'].count()
2.  # i500的值
3.  n_i500 = data['Team'][data['Team'] == 'i500'].count()
4.  # 总行数
5.  total_ppl = data['Team'].count()
6.  # i100的值除以总行数
7.  P_i100 = n_i100*1.0/total_ppl
```

```
8. # i500的值除以总行数
9. P_i500 = n_i500*1.0/total_ppl
10.print P_i100,P_i500
11.
12.#结果
13.0.5  0.5
```

从目前掌握的数据集上看，使用两种训练方案的人数没有区别。这是从数据中得到的先验知识，如果数据量不够，可以根据专家经验或者行业经验自己调整这个先验分布，这也是贝叶斯建模所提供的便利。

接着利用下面的代码可以学习到两种训练方案中性别的分布情况。

学习性别的分布

```
14.df1 = data.groupby(['Team','Gender']).size().\
15.rename('cnt').reset_index().set_index('Team')
16.
17.df2 = pd.DataFrame(data.groupby(['Team']).size().rename('total'))
18.df3 = df1.merge(df2,left_index=True,right_index=True)
19.df3['p'] =df3['cnt'] * 1.0 /df3['total']
```

得到如图 16-4 所示的结果。

	Team	Gender	cnt	total	p
0	i100	female	2	5	0.400000
1	i100	male	3	5	0.600000
2	i500	female	2	3	0.666667
3	i500	male	1	3	0.333333

图 16-4   性别的分布

对于身高、体重、体型这些连续型数值变量，可以假设它们都服从正态分布，因此需要计算各自的均值和标准差以便于计算概率。先计算 3 个变量的分组均值。

计算 3 个变量的均值

```
20.# 数据分组，计算均值
21.data_means = data.groupby('Team').mean()
22.# 查看均值
23.data_means
```

3 个变量的均值如图 16-5 所示。

Team	Height	Weight	Size
i100	5.818000	167.000000	10.000000
i500	5.333333	133.333333	8.333333

图 16-5　3 个变量的均值

再计算 3 个变量的方差。

计算 3 个变量的方差

```
24.# 数据分组，计算方差
25.data_variance = data.groupby('Team').var()
26.# 查看方差
27.data_variance
```

3 个变量的方差如图 16-6 所示。

Team	Height	Weight	Size
i100	0.039920	320.000000	2.500000
i500	0.089733	1233.333333	10.333333

图 16-6　3 个变量的方差

把各种要素保存下来。

保存各种要素

```
28.#计算需要的均值方差
```

```
29. # i100的均值
30. i100_height_mean = data_means['Height'][data_means.index == 'i100'].
    values[0]
31. i100_weight_mean = data_means['Weight'][data_means.index == 'i100'].
    values[0]
32. i100_size_mean = data_means['Size'][data_means.index == 'i100'].alues[0]
33. # i100的方差
34. i100_height_variance = data_variance['Height'][data_variance.index ==
    'i100'].values[0]
35. i100_weight_variance = data_variance['Weight'][data_variance.index ==
    'i100'].values[0]
36. i100_size_variance = data_variance['Size'][data_variance.index ==
    'i100'].
    values[0]
37. # i500的均值
38. i500_height_mean = data_means['Height'][data_means.index == 'i500'].
    values[0]
39. i500_weight_mean = data_means['Weight'][data_means.index == 'i500'].
    values[0]
40. i500_size_mean = data_means['Size'][data_means.index == 'i500'].
    values[0]
41. # i500的方差
42. i500_height_variance = data_variance['Height'][data_variance.index ==
    'i500'].values[0]
43. i500_weight_variance = data_variance['Weight'][data_variance.index ==
    'i500'].values[0]
44. i500_tsize_variance = data_variance['Size'][data_variance.index ==
    'i500'].values[0]
```

所有的基本要素都准备完毕后，接下来定义两个辅助方法，针对不同的变量分别计算其条件概率。

对离散型变量计算其条件概率 $P(g \mid class)$。

计算离散变量的条件概率

```
45.def p_x_given_y_1(team,gender):
46.    return df3['p'][df3['Team'] == team][df3['Gender']== gender].
    values[0]
```

对于正态分布的连续变量计算其条件概率。

计算连续变量的条件概率

```
47.def p_x_given_y_2(x, mean_y, variance_y):
48.    # 把参数代入概率密度公式
49.    p = 1/(np.sqrt(2*np.pi*variance_y)) * np.exp((-(x-mean_y)**2)/
    (2*variance_y))
50.    return p
```

现在，所有的准备工作都完成后，就可以投入使用了。假设新用户 Tom 的基本数据是这样的：

	Height	Weight	Size	Gender
Tom	6	130	8	female

可以用下面的方法计算其符合 i100 的概率。

计算后验概率 1

```
51.P_i100 * p_x_given_y_1('i100',person['Gender'][0]) * \
52.p_x_given_y_2(person['Height'][0], i100_height_mean, i100_height_variance) * \
53.p_x_given_y_2(person['Weight'][0], i100_weight_mean, i100_weight_variance) * \
54.p_x_given_y_2(person['Size'][0], i100_size_mean, i100_size_variance)
```

得到的结果是 $9.815\,927\,236\,658\,199e-05$。

然后计算其符合 i500 的概率。

计算后验概率 2

```
55.P_i500 * p_x_given_y_1('i500',person['Gender'][0]) *\
```

```
56. p_x_given_y_2(person['Height'][0], i500_height_mean, i500_height_variance) * \
57. p_x_given_y_2(person['Weight'][0], i500_weight_mean, i500_weight_variance) * \
58. p_x_given_y_2(person['Size'][0], i500_size_mean, i500_size_variance)
```

得到的结果是 $3.905\,915\,801\,245\,816\,6e-05$ 。

比较两个结果，Tom 目前更适合 i100 这个训练方案。

16.4　小结

朴素贝叶斯是贝叶斯建模中最简单的一种方法，它的"朴素"就在于它假设每个特征都是独立的，在真实数据中这其实是不正确的，但这并不妨碍它在某些应用上取得不错的效果。另外，朴素贝叶斯相当于一个框架，对于每个特征，只要其分布函数已知，就能应用这个方法来建模。

最后，请大家思考一下：贝叶斯分类方法和其他的分类方法（如逻辑回归）有什么区别？

第17章

进一步体会贝叶斯

贝叶斯公式本身很简单，但理解背后的思想是需要一定努力的。它是贝叶斯概率图模型的基础，这注定了它不像看起来那么简单。

17.1 案例：这个机器坏了吗

通过一个例子来体会一下贝叶斯思想。

假设工厂里有一个制造手机的机器，有一天你发现了一些坏产品，你想知道是不是因为机器出现了问题才造成的。你可以请原厂的工程师来检修机器，但那会造成停工，而且费用不低。你也可以彻查每一部手机，但是你用的检查方法是破坏性的。那到底该检查多少手机才能得到可信的结论呢？有没有什么方法只用少量的手机就可以估计机器是否正常工作呢？

可以试试贝叶斯公式。要想建立贝叶斯模型，需要知道两件事情：先验分布和似然率。

先验分布就是我们对于机器状态的初始信心。可以用一个随机变量来描述机器的状态，这个随机变量有两个值（好的和坏的）。首先根据经验认为这个机器很可能是好的，是能正常工作的。不妨选择这样的一个先验分布：

$$P\{M = \text{good}\} = 0.99$$

$$P\{M = \text{bad}\} = 0.01$$

这里用 99% 的好和 1% 的坏表示对机器正常的信心很足，由于没有很多机器，所以这个信息可以从设备提供商、同行业伙伴或者工程师那儿请教获得。

需要知道的第二件事是 phone，它代表由这个机器生产的手机状态。手机可能是好的，也可能是坏的，所以 phone 也包含两个状态。

要使用贝叶斯公式，还需要知道条件概率。或者说，需要知道在机器好和机器坏两种情况下，它们生产出一部坏手机的概率。

所以我们要知道这两种情况下的概率。假设有这样的数据：

$$\text{机器好的时候}\begin{cases}\text{生产出坏手机的概率：0.01}\\\text{生产出好手机的概率：0.99}\end{cases}$$

$$\text{机器坏的时候}\begin{cases}\text{生产出坏手机的概率：0.6}\\\text{生产出好手机的概率：0.4}\end{cases}$$

根据常识，一个好的机器也难免出些次品，只不过概率会小些。坏机器生产出次品的概率会更大些。

现在，贝叶斯公式需要的条件已经完整了，可以尝试应用它来回答最初的问题了。

假设现在拿了一个手机，发现它是坏的，那么这个机器坏了的概率是多少呢？

其实这个问题是要回答 $P\{M = \text{bad} \mid phone = \text{bad}\}$ 这个问题。

根据贝叶斯公式，要这么计算：

$$P\{M=\text{bad}\mid phone=\text{bad}\} = \frac{P\{phone=\text{bad}\mid M=\text{bad}\} \times P\{M=\text{bad}\}}{P\{phone=\text{bad}\}}$$

公式的分母根据全概率公式可以展开成：

$$P\{phone=\text{bad}\} = P\{phone=\text{bad}\mid M=\text{bad}\}P\{M=\text{bad}\} +$$
$$P\{phone=\text{bad}\mid M=\text{fine}\}P\{M=\text{fine}\}$$

把所有的数字带进去，会得到：

$$P\{M=\text{bad}\mid phone=\text{bad}\} = \frac{0.6\times 0.01}{0.6\times 0.01+0.01\times 0.99} \approx 0.38$$

得到的结果说明，机器坏了的概率是38%，这个值并不高，很符合我们的预判。因为毕竟只看到了一个坏手机，说明不了什么问题，没准儿以后的都是好的。

但如果又抽查了一个手机，发现它还是坏的，那么结论会有什么变化呢？通过下面的代码，我们可以模拟这个过程。

模拟贝叶斯

```
1. posterior = []
2. prior = np.array([[ 0.01 ,0.99]])
3. likelihood = np.array([[0.99,0.6],[0.4,0.01]])
4. for i in range(10):
5.     post = prior * likelihood[:,1] /float(np.sum(prior * likelihood[:,1]))
6.     posterior.append(post[0,:])
7.     prior = post
```

在这段代码中，我们首先定义了机器状态的先验分布（prior），接着定义了数据的似然概率。接下来的 for 循环会计算当看见一个坏手机时机器状态的后验分布。然后把这个后验分布当作新的先验分布，不断循环。

得到的结果如图 17-1 所示。

	machine=bad	machine=good
1	0.377	6.226e−01
2	0.973	2.676e−02
3	1.000	4.581e−04
4	1.000	7.639e−06
5	1.000	1.273e−07
6	1.000	2.122e−09
7	1.000	3.537e−11
8	1.000	5.894e−13
9	1.000	9.824e−15
10	1.000	1.637e−16

图 17-1　后验概率的变化

如果用图表示就是图 17-2 这样的。

当算法看到第一个坏手机时，它其实迟疑了一下，它会觉得就一个坏手机不足以证明机器坏了，所以给出机器坏的概率比较低。但随着看到的坏手机数量的增多，机器损坏的概率急剧上升。当看到第二个坏手机时，模型就会认为机器有 **97.3%** 的可能是坏的。当看到第三个坏手机时，基本上就百分百断定机器是坏的了。

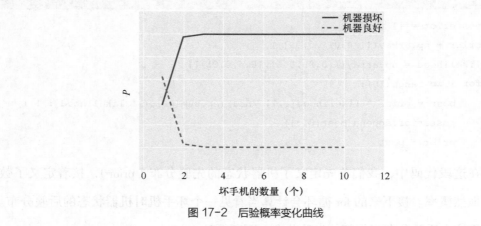

图 17-2　后验概率变化曲线

17.2 专家解读：从贝叶斯到在线学习

从上面这个例子可以看到，贝叶斯模型其实很好地模拟了人们的认知过程。开始时人们对事物的情况一无所知，于是就会跟风，有个随大流的认识，但是每当看到一个实例时，会立刻修正之前的认识。看到的实例越多，人们的认识越接近事物的真实情况。通过贝叶斯方法我们可以很自然地导出在线学习模型。

工程应用上有一种时髦的学习方法——在线学习。传统的机器学习方法都属于离线学习，工程师在线下训练好模型拿到线上应用，然后再训练新的模型，再替换线上模型。两个模型之间会有一定的时间间隔，可能 1 周，也可能 1 天，在这个间隔内线上模型其实是静态不变的。

电商应用会有这样的场景，电商们经常会搞些"剁手"节。这些节日当天会有非常大的流量，而且消费模式也会跟非节日有所不同。如果模型都是离线的，那么非节日的模型和节日模型不一定能匹配，所以希望能够有一种在线的模型，这个模型能够根据数据流实时地进行学习，这就是所谓的在线学习。

在前一个例子中，贝叶斯方法是这样做的：

（1）给定参数先验概率；

（2）根据数据反馈计算后验概率；

（3）将其作为下一次预测的先验概率；

（4）然后再根据反馈计算后验概率，如此反复。

所以，贝叶斯方法可以很自然地导出在线学习模型，比如微软的 Bing 所使用的 BPR 就是其中的典型案例。关于在线学习本书不做展开讨论，感兴趣的读者可以自行查找相关资料。

第**18**章

采样

最大似然估计法和贝叶斯法都能做参数估计，两种方法可以看作两个学派对同一个问题的不同解决方案。

两种方法不是万能的，都有无能为力的时候。比如，最大似然估计法学习参数的过程是这样的：对概率建模，写出似然函数，让似然函数值取最大，最终得到分布的参数值。

使用最大似然估计法的前提条件是能够对概率建模，即能够写出概率的函数形式。比如抛硬币试验是伯努利试验，其概率密度函数是已知的，所以可以用最大似然估计的方法进行参数学习，最后得到 $P = \dfrac{n}{N}$ 的结论。

考虑更一般的场景，不知道数据分布的类型（即不知道概率密度函数），又或者数据的分布是很复杂的分布（非常复杂的概率密度函数），这时最大似然估计法就有心无力了。

是否有其他方法得到分布的参数呢？答：可以用采样的方法估计参数！

贝叶斯方法做参数估计时也有其为难之处，这里就不再介绍了。

18.1 贝叶斯模型的困难

贝叶斯公式本身很简单，当把它用在建模上时，公式如下：

$$P(\theta \mid D) = \frac{P(D \mid \theta) P(\theta)}{P(D)}$$

$P(D \mid \theta)$ 是在确定了参数之后数据 D 的似然，把它和参数 θ 的先验概率 $P(\theta)$ 相乘，然后除以归一化因子 $P(D)$。对于用朴素贝叶斯解决文本分类这样的问题，可以简单地把分母 $P(D)$ 忽略掉。如果分母不能忽略呢？

如果分母不能忽略，那对于 $P(D)$ 的计算就是这样的：

$$P(D) = \int P(D \mid \theta) \mathrm{d}\theta$$

这是个积分式子，需要把参数 θ 的所有可能性通过积分的方式消掉。这正是贝叶斯方法的难点所在。即使对于一些简单的模型，这种积分都很难求解，甚至不可求。

好吧，既然不能直接从公式计算得到后验分布，那能不能用些神奇的方法估计它呢？比如，如果我们能够从后验分布中采样就好了。很不幸的是，要想直接从后验分布中采样，不仅需要先把贝叶斯公式解出来，而且还要求其反函数，没有最难，只有更难。

好吧，一个聪明人提出，是不是可以构造一个可遍历的马尔科夫链，让它的平稳分布就是后验分布，不就好了吗？

幸运的是，这件事做起来没有听起来那么难。事实上这也是目前一种通用的解决参数估计的算法。

18.2 代码实战：拒绝采样

Python 的工具包提供了一些采样方法，比如均匀采样、正态分布采样，这些方法都是从某种特定的分布中采样。现在要面对的是更一般的问题。比如，要从一个圆内均匀采样，怎么做呢？

先看第一种方法。

首先，生成两个随机数，一个代表角度、一个代表半径，然后根据角度和半径计算点的坐标。

采样算法

```
1. X = []
2. Y=[]
3. for i in range(1000):
4.     theta = 2 * random.random() * math.pi
5.     r= random.random() * 5
6.     x=math.cos(theta)* r +5
7.     y=math.sin(theta)* r + 5
8.     X.append(x)
9.     Y.append(y)
```

代码解读：

- 第 4 行是随机采样一个角度；
- 第 5 行是随机采样一个半径；
- 第 6、7 行是根据角度和半径计算点的坐标。

把采样结果用图显示出来。

绘制采样结果

```
10.plt.figure(figsize=(6,6))
11.plt.scatter(X,Y)
12.plt.axis([0, 10, 0, 10])
```

结果如图 18-1 所示。

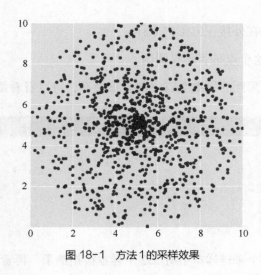

图 18-1　方法 1 的采样效果

读者应该能看得出来，用这种方法采到的样本在圆心附近比较密集，越往外越稀疏，所以这个采样方法得到的并不是一个均匀分布的样本。

换一种采样方式。这次的思路是先找到这个圆的外接正方形，然后在这个正方形里随机生成点，检查生成的点是否落在圆内，从而决定是接受还是拒绝这个点。

拒绝采样

```
1. X = []
2. Y=[]
3. for i in range(1000):
4.     x=random.randint(0,10)+random.random()
5.     y=random.randint(0,10)+random.random()
```

```
6.      if ((x-5)**2 + (y-5)**2) >25:
7.          print 'Reject ({0},{1})'.format(x,y)
8.      else :
9.          X.append(x)
10.         Y.append(y)
```

代码解读：

- 第 4、5 行是在外接正方形内采样；
- 第 6 行是看这个点是否落在圆内。

在这种方式下，采到的样本会有一部分被抛弃，可以看看留下来的样本。

采样效果

```
11.len(X)
12.# 648
13.plt.figure(figsize=(6,6))
14.plt.scatter(X,Y)
15.plt.axis([0, 10, 0, 10])
```

可以看到，1000 个采样样本中有 352 个样本被拒绝了。再看样本分布的效果，如图 18–2 所示。

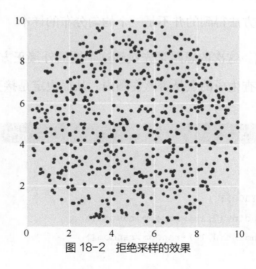

图 18-2 拒绝采样的效果

显然，这回的采样结果要均匀得多。

通过这个例子可以知道，在对一个复杂的分布 $f(x)$ 采样时，如果这个分布不容易直接采样，可以先找一个比较容易采样的分布 $g(x)$，令 $g(x)$ 是 $f(x)$ 的上界。当采到的样本落在 $f(x)$ 内部时，则接受该样本，否则拒绝该样本。在从圆中均匀采样这个问题中，$f(x)$ 是那个圆，$g(x)$ 是圆的外接正方形。

如果把这个方法进一步泛化，是否可以用来解决一般分布的抽样问题呢？不妨再来看个例子。

18.3　代码实战：MH采样

接下来这个例子要用采样的方法估计分布的参数。为了让问题简化，先生成一批均值为 0、方差为 1 的正态分布数据样本。然后根据这些数据来估计参数 μ。其实就是求 $P(\mu\,|\,D)$，即根据数据求参数 μ 的后验分布。

开始时，可以先随便赋给 μ 一个初始估计值，比如 1。

生成正态分布的测试数据

```
1. data = np.random.randn(200)
2. mu_current = 1.
```

接下来，要用采样的方法调整 μ。MH 算法是这么做的，它会从一个正态分布（`mu_current` 代表 μ，`proposal_width` 代表方差 σ）中采样：

```
3. proposal = norm(mu_current, proposal_width).rvs()
```

采样得到的 `proposal` 是对 μ 的调整建议，但是否采纳这个建议，需要计算一个拒绝率或者接受率。

为了判断目前建议的这个新参数能否更好地解释当前的数据，需要一个量化的指标，这个指标的计算过程如下：

计算接受率指标

```
1. # 数据的似然
2. likelihood_current = norm(mu_current, 1).pdf(data).prod()
3. likelihood_proposal = norm(mu_proposal, 1).pdf(data).prod()
4. # 当前mu和新的mu的先验概率
5. prior_current = norm(mu_prior_mu, mu_prior_sd).pdf(mu_current)
6. prior_proposal = norm(mu_prior_mu, mu_prior_sd).pdf(mu_proposal)
7. # 数据的似然乘以参数的先验概率
8. p_current = likelihood_current * prior_current
9. p_proposal = likelihood_proposal * prior_proposal
10.p_accept = p_proposal / p_current
```

如果接受率符合要求，则接受这个调整建议，即用新的 μ 取代之前的 μ：

```
11.accept = np.random.rand() < p_accept
12.if accept:
13.    # 更新参数
14.    cur_pos = proposal
```

反复执行上面的几个步骤，最后得到的结果就是从后验分布中采到的样本。这个过程中最重要的指标是接受率，接受率公式的推导过程如下：

$$accept \cdot ratio = \frac{\dfrac{P(x\,|\,\mu)P(\mu)}{P(x)}}{\dfrac{P(x\,|\,\mu_0)P(\mu_0)}{P(x)}} = \frac{P(x\,|\,\mu)P(\mu)}{P(x\,|\,\mu_0)P(\mu_0)}$$

把前面的代码封装成一个方法，如下所示，其中的核心代码之前都已经解释过了。

采样方法

```
1.  def sampler(data, samples=100, mu_init=0.2,
2.                proposal_width=0.1, plot=False,
3.                mu_prior_mu=0, mu_prior_sd=1.):
4.      mu_current = mu_init
5.      posterior = [mu_current]
6.      for i in range(samples):
7.          # 采样得到新的参数值
8.          mu_proposal = norm(mu_current, proposal_width).rvs()
9.          # 数据的似然
10.         likelihood_current = norm(mu_current, 1).pdf(data).prod()
11.         likelihood_proposal = norm(mu_proposal, 1).pdf(data).prod()
12.
13.         # 当前mu和新的mu的先验概率
14.         prior_current = norm(mu_prior_mu, mu_prior_sd).pdf(mu_current)
15.         prior_proposal = norm(mu_prior_mu, mu_prior_sd).pdf(mu_proposal)
16.         # 数据的似然乘以参数的先验概率
17.         p_current = likelihood_current * prior_current
18.         p_proposal = likelihood_proposal * prior_proposal
19.
20.         # 是否接受更新建议
21.         p_accept = p_proposal / p_current
22.
23.         # 简化分母的计算
24.         accept = np.random.rand() < p_accept
25.
26.         if accept:
27.             # 更新参数
28.             mu_current = mu_proposal
29.
30.         posterior.append(mu_current)
31.
32.     return posterior
```

对于给出的数据，可以用默认参数来试验一下，做5次采样。

```
sampler(data,samples=5)
```

得到的结果如下：

```
[0.2,
 0.2,
```

0.010362200016440495,
0.017302466724265552,
0.017302466724265552,
0.017302466724265552]

读者会发现最后的结果已经接近正确结果 0，当然还会有一些误差存在。

18.4 专家解读：拒绝采样算法

若有一个很复杂的概率分布，复杂到甚至无法写出解析式，而我们手头只有一些简单的分布，比如二项分布、高斯分布等，是否可以利用简单分布的采样获得复杂分布的样本，进而估计出复杂分布的参数呢？

拒绝采样算法给我们提供了一种解决思路，该算法的基本思想如下：

（1）要从一个复杂的分布 $\tilde{p}(z)$ 中采样，首先，找到一个简单的分布 $q(z)$，比如均匀分布、高斯分布。

（2）然后把简单分布 $q(z)$ 乘以系数 k，示意图如图 18-3 所示。

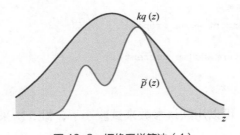

图 18-3 拒绝采样算法（1）

（3）采样得到 z_0 并计算出 $kq(z_0)$，就是图 18-4 中的那个圆点。

（4）以 $[0, kq(z_0)]$ 为界生成一个均匀分布的随机数 u_0。

（5）如果数字落在下面那个空白区间，就接受这个样本，否则就拒绝这个样本，如图 18-4 所示。

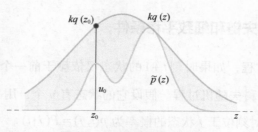

图 18-4   拒绝采样算法（2）

这是拒绝采样算法的总体思路框架，将其落实到一个具体的 MH 算法上，看看具体怎么操作。

18.4.1   MH算法

假设在时刻 t，采到 $f(x)$ 的一个样本 x_t，然后根据下面的策略采下一个样本 x_{t+1}。

（1）从分布 $g(x\,|\,x_t)$ 中采样 x_{t+1}。

（2）计算 M–H 率：

$$R\left(x_{t+1},x_t\right)=\frac{f\left(x_{t+1}\right)g(x_t\,|\,x_{t+1})}{f\left(x_t\right)g(x_{t+1}\,|\,x_t)}$$

（3）从均匀分布中采样 t，如果 $p(t)\leqslant R(x_{t+1},x_t)$，则保留 x_{t+1} 作为时刻 $t+1$ 的采样结果，否则这个采样被拒绝且丢弃。

（4）重复上面过程，最终得到的序列收敛于 $f(x)$ 分布。

重点是看 $R(x_{t+1},x_t)$，如果这个数字大于等于 1，意味着这个采样 x_{t+1} 肯定会被接受；否则，就是以一定的概率接受。所以接受概率可以这样定义：

$$R(x_{t+1}, x_t) = \min\left\{1, \frac{f(x_{t+1})g(x_t \mid x_{t+1})}{f(x_t)g(x_{t+1} \mid x_t)}\right\}$$

18.4.2　马尔科夫链和细致平稳条件

对于一个随机过程，如果时刻 $t+1$ 的状态仅依赖于前一个时刻 t 的状态，这样的随机过程就是马尔科夫随机过程。假设它的状态有 n 个，用 $1\sim n$ 表示。记在时刻 t 位于 i 状态，在 $t+1$ 时刻位于 j 状态的概率为 $p(i,j) = P(j \mid i)$。

马尔科夫随机过程有一个很好的结论，即使初始分布状态不同，经过若干次迭代后，最终会稳定收敛在某个分布上。最终这个平稳分布取决于状态转移概率矩阵 $\boldsymbol{P}$，而非初始状态。

MH 采样算法其实很大程度上是从马尔科夫随机过程受到的启发：对于某概率分布 π，如果能够得到一个收敛到概率分布 π 的马尔科夫状态转移矩阵 $\boldsymbol{P}$，则经过有限次迭代后，一定可以得到概率分布 π。

于是问题变成如何构造状态转移概率矩阵 $\boldsymbol{P}$ 了，人们从平稳分布中抽象出细致平稳条件：

$$\pi(i)p(i,j) = \pi(j)p(j,i), \forall i, j$$

$p(i,j)$ 是概率转移矩阵的第 i 行第 j 列，即前一个状态为 i 时，下一个状态为 j 的概率，也就是条件概率 $P(j \mid i)$。

对任意两个状态 i、j，若从 i 转移到 j 的概率和从 j 转移到 i 的概率相等，那可以直观地理解成每一个状态是平稳的。

18.4.3　细致平稳条件和接受率的关系

假设能找到一个满足细致平稳条件的转移概率矩阵 P，那么经过有限次迭代后，不管初始分布是什么样的，最终都可以得到一个平稳分布。这是马尔科夫告诉我们的。

但问题是，如果随便弄一个转移概率矩阵 Q，通常来说是不能满足平稳细致条件的，即 $p(i)q(i,j) \neq p(j)q(j,i)$。那最终可能无法收敛到一个平稳分布。

怎么办呢？为了让不等式变成等式，我们可以做些"手脚"，在两边都乘上些内容，从而让不等式变成等式，通过引入因子 α，使得下面的等式成立：

$$p(i)q(i,j)\alpha(i,j) = p(j)q(j,i)\alpha(j,i)$$

其中：

$$\begin{cases} \alpha(i,j) = p(j)q(j,i) \\ \alpha(j,i) = p(i)q(i,j) \end{cases}$$

让 $\alpha(j,i) = 1$，则有：

$$\alpha(i,j) = \frac{p(j)q(j,i)}{p(i)q(i,j)}$$

这个公式本身结果可能大于 1。为了符合对概率的认识，规定：

$$\alpha(i,j) = \min\left\{\frac{p(j)q(j,i)}{p(i)q(i,j)}, 1\right\}$$

这其实就是之前一直在使用的接受率。

18.5   专家解读：从MH到Gibbs

在 MH 算法中，我们需要先找到一个简单分布 $q(z)$，然后还要有个系数 k。能不能再简单些呢？

继续换个思路，假设一个二维的随机变量 (X,Y)，现在固定 $X = x$ 不变，只考察 Y 从 t 时刻的 y_1 变到 $t+1$ 时刻的 y_2，这时平稳细致条件可以这么表述：

$$p(x_1, y_1)p(y_1 \rightarrow y_2) = p(x_1, y_2)p(y_2 \rightarrow y_1)$$

其中 $p(y_1 \rightarrow y_2)$ 就是从 y_1 到 y_2 的转移概率。把前面一项按照联合概率公式展开：

$$p(x_1)p(y_1 \mid x_1)p(y_1 \rightarrow y_2) = p(x_1)p(y_2 \mid x_1)p(y_2 \rightarrow y_1)$$

两边的 $p(x_1)$ 可以消去：

$$p(y_1 \mid x_1)p(y_1 \rightarrow y_2) = p(y_2 \mid x_1)p(y_2 \rightarrow y_1)$$

为了让等式成立，我们使用相同的技巧，令：

$$\begin{cases} p(y_1 \rightarrow y_2) = p(y_2 \mid x_1) \\ p(y_2 \rightarrow y_1) = p(y_1 \mid x_1) \end{cases}$$

同样，固定 Y 不变，也可以得到关于 X 的对偶的结论。这就是著名的 Gibbs 采样，它是一种特殊的 MCMC 采样。在 LDA 中就是用这种方法来学习参数的。

对于高维向量 X 来说，Gibbs 采样的做法如下：

（1）首先，随机初始化分布 $(X_1, X_2, \cdots, X_n) = (x_1, x_2, \cdots, x_n)$；

$$\left\{\begin{array}{l} x_1^{(t+1)} = p(x_1 \mid x_2^{(t)}, x_3^{(t)}, \cdots, x_n^{(t)}) \\ x_2^{(t+1)} = p(x_2 \mid x_1^{(t+1)}, x_3^{(t)}, \cdots, x_n^{(t)}) \\ \qquad\qquad \vdots \\ x_n^{(t+1)} = p(x_n \mid x_1^{(t+1)}, x_2^{(t+1)}, \cdots, x_{n-1}^{(t+1)}) \end{array}\right.$$

（2）对 $t = 1, 2, \cdots$，循环采样直至收敛 。

如果把 Gibbs 采样和之前的 MH 算法对比，会发现最大的改进是不用 $q(z)$ 了，可以直接从数据中进行学习了，这就是 Gibbs 采样的好处。

18.6　小结

本章高度概括地介绍了贝叶斯建模中的采样方法，主要介绍了 MH 算法和 Gibbs 采样。这些算法的通用性很强，具有很好的性质，只是并不是那么容易理解的。

第三篇

优化

在"线性代数"篇，我们使用联立方程式的形式对问题建模；在"概率"篇，我们使用最大似然思想对问题建模。这两种方法还仅停留在问题的建模阶段。

接下来我们要求出方程组的解、似然函数的解。遗憾的是，对于真实世界中的问题，很多都没有数值解。我们要在明知无解的情况下硬着头皮找到一个"最优解"。于是，所有的人工智能模型最后几乎都转化成求解一个能量／损失函数的优化问题，这就要用到优化论。

第 19 章

梯度下降算法

前面介绍了什么是回归问题，也介绍了什么是分类问题。回归问题从线性代数的角度可以看作一个解方程组的问题，从概率的角度是似然函数取极大值的问题。两者虽然数学视角不同，但最后殊途同归、完全等价。其实前面这些内容都是在讨论建模的方法，模型建立起来后，如何求解这个模型，这属于优化的范畴。

虽然之前的章节已经给出了方程组的解析解形式，但是在工程中尤其在大数据环境下直接套公式求解是不可能的，因为公式中有方阵求逆操作，而有的问题也不是线性方程组的简单形式，这时就是优化论大显身手的时候了。所以，请读者先搞清楚"线性代数""概率论""优化论"三门数学课程之间的关系，前两门是建模，后一个是求解。

所谓优化，就是说在无法获得问题的解析解的时候，退而求其次找到一个最优解。当然，需要提前定义好什么是最优，就好像足球比赛之前得先定义好比赛规则一样。

通常的做法是想办法构造一个损失函数，然后找到损失函数的最小值进行求解。

梯度下降算法是最经典的求解算法，接下来通过具体的例子来体会。

19.1　代码实战：梯度下降算法

首先，生成一些测试数据。

生成数据

```
1. from sklearn.datasets import make_regression
2. X,y =make_regression(n_samples=100, n_features=3)
3. y=y.reshape((-1,1))
```

然后来看看数据的样子，如图 19-1 所示。

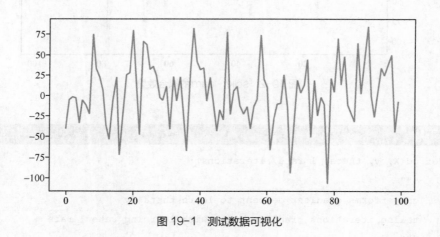

图 19-1　测试数据可视化

对这份数据，我们先用 scikit-learn 提供的回归模型建模，然后看看拟合效果。

用 scikit-learn 做回归建模

```
4. from sklearn.linear_model import LinearRegression
5. model = LinearRegression()
6. model.fit(X,y)
7. y_pred_sk = model.predict(X)
8. plt.figure(figsize=(18,9))
9. plt.plot(y,alpha=0.3,linewidth=10,color=colors[1])
10. plt.plot(y_pred_sk,color=colors[9],linewidth=3)
```

模型拟合的结果如图 19-2 所示。

可以看到，通过 scikit-learn 得到的结果还是不错的。如果我们自己写段代码能达到什么样的效果呢？

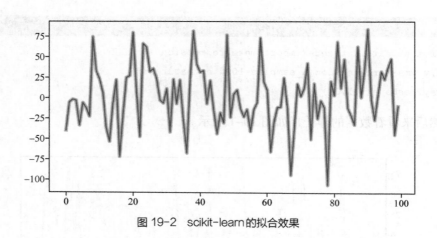

图 19-2 scikit-learn 的拟合效果

梯度下降

```
1. def gd(X, y, theta, l_rate, iterations):
2.     """
3.     gd performs gradient descent to learn theta by
4.     taking iterations gradient steps with learning rate l_rate
5.     """
6.     cost_history = [0] * iterations
7.     m = X.shape[0]
8.     for epoch in range(iterations):
9.         y_hat = X.dot(theta)
10.        loss = y_hat - y
11.        gradient = X.T.dot(loss)/m
12.        theta = theta - l_rate * gradient
13.        cost = np.dot(loss.T,loss)
14.        cost_history[epoch] = cost[0,0]
15.    return theta, cost_history
```

这段代码实现了标准的梯度下降算法，其关键点如下：

- 第 9 行代码计算模型的预测结果；
- 第 10 行代码计算预测结果和真实结果的差异；
- 第 11 行代码计算损失函数梯度；
- 第 12 行代码根据梯度对参数进行更新，其中学习率 l_rate 是超参数，需要提前提供；
- 第 13 行代码计算均方误差损失函数值。

然后用我们自己实现的这个方法进行模型训练。

梯度下降学习过程

```
16. theta = np.random.rand(X.shape[1],1)
17. iterations = 100
18. l_rate =0.1
19. theta,cost_history = gd(X,y,theta,l_rate,iterations)
```

训练之后，看看得到的参数。

```
20. theta.T
21. array([[36.11316642,  6.14186562,  9.65739371]])
```

对照下用 scikit-learn 学习到的参数。

```
22. model.coef_
23. array([[36.11462072,  6.14293449,  9.65648123]])
```

可以发现两种方法学习到的参数相差无几，再看拟合曲线的效果，我们需要自行创建一个预测方法。

预测方法

```
24. def predict(X,theta):
```

```
25. return np.dot(X,theta)
```

来看看效果。

```
26. y_predict = predict(X,theta)
27. plt.figure(figsize=(18,9))
28. plt.plot(y,alpha=0.3,linewidth=10,color=colors[1])
29. plt.plot(y_predict,color=colors[9],linewidth=3)
```

自行创建的学习模型拟合效果如图 19-3 所示，和 scikit-learn 的图 19-2
相差无几。

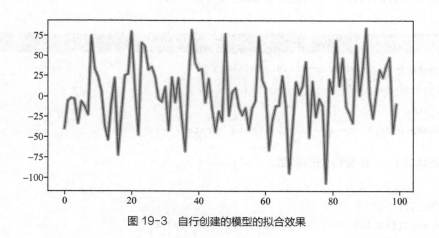

图 19-3   自行创建的模型的拟合效果

为什么会这么好？

19.2 专家解读：梯度下降算法

19.1 节的代码实现了著名的梯度下降算法。这个算法在工程中有着非常广泛的
应用，从线性回归到深度学习都在采用这个算法，所以它是一个成批量解决问题
的方法。

回顾前面的内容，机器学习解决问题的总体思路就是先对问题建模，然后设计损失函数，通过寻找让损失函数值最小的方式来找到模型的解。所以核心问题就是寻找函数的最小值。

数学上是通过寻找驻点的方法来找函数极值点的。所谓驻点就是使函数一阶导数为 0 的点。但是一阶导数为 0 不是极值点的充要条件，极值点的一阶导数一定为 0，但反过来不成立。我们只考虑简单情况，即驻点就是极值点。

比如，求函数 $f(x,y,z) = x^2 + y^2 + z^2 + 2x + 4y - 6z$ 的极值。

先找出函数关于 x、y、z 的偏导数，它们分别是：

$$\frac{\partial f}{\partial x} = 2x + 2$$

$$\frac{\partial f}{\partial y} = 2y + 4$$

$$\frac{\partial f}{\partial z} = 2z - 6$$

然后让偏导为 0，相当于建立方程组：

$$\begin{cases} 2x + 2 = 0 \\ 2y + 4 = 0 \\ 2z - 6 = 0 \end{cases}$$

方程组的解是 $(-1, -2, 3)$，于是函数的极小值点是 $(-1, -2, 3)$，且极小值 $f(-1, -2, 3) = -14$。

这是标准的数学方法，然而在工程中却不能用这种方法。

可以换一个角度，把寻找函数的极值点想象成下山问题，如果想走到山底该怎么走？显然第一件事是要方向正确，必须沿着下山的方向走，只要方向正确总能到达目的地，如果不幸选择上山的方向，那就不是事倍功半而是事倍功负了，这也是所谓的方向大于努力。

第一件事明确后，接下来就要选择一个最短的下山路径。可以想象如果选择一个非常平缓的盘山路，要走上 5000 米路海拔高度才下降 1 米，虽然方向正确了，但是要走 1 天才能到山底。但如果选择一个非常陡峭的方向走下去，可能 1 小时就到山底。

所以，下山这个例子其实告诉我们两件事：首先保证方向正确，方向正确才能到达山底，不做无用功；其次是选择最短路径，路径最短才能事半功倍，以最快的速度到达山底。

梯度下降算法也是基于同样的思想，可以先随机在函数曲线上找一点，然后沿着正确的方向走一步，走到第二个点；在第二个点也沿着正确的方向走一步到达第三个点，不断重复这个过程，直到收敛。

这个过程的伪代码具体如下：

梯度下降算法伪代码

1. initialize weights (say theta=0)

2. iterate till converged

  2.1 iterate over all features (j=0,1,···,M)

    2.1.1 determine the gradient

    2.1.2 update the jth weight by subtracting learning rate times the gradient

    theta(t+1) = theta(t) – learning rate * gradient

伪代码和实际代码之间的对应关系如图 19-4 所示。

```
def gd(X, y, theta, l_rate, iterations):
    """
    gd performs gradient descent to learn th
    taking iterations gradient steps with le
    """
    cost_history = [0] * iterations
    m = X.shape[0]
    for epoch in range(iterations):
        y_hat = X.dot(theta)
        loss = y_hat - y
        gradient = X.T.dot(loss)/m
        theta = theta - l_rate * gradient
        cost = np.dot(loss.T,loss)
        cost_history[epoch] = cost[0,0]
    return theta, cost_history
```

```
1. initialize weights (say theta=0)
2. iterate till converged
  2.1 iterate over all features (j=0,1...M)
    2.1.1 determine the gradient
    2.1.2 update the jth weight by subtracting learning rat
times the gradient
            theta(t+1) = theta(t) - learning rate * gradient
```

图 19-4　伪代码和实际代码的对应关系

梯度下降算法有 3 个要素：初始点、前进方向和迭代步长（路径），如图 19-5 所示。

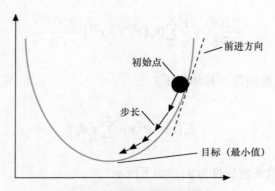

图 19-5　梯度下降算法的要素

这 3 个要素又以前进方向更加突出和重要，它从根本上决定了算法的成败、收敛快慢等，所以很多人专门在研究如何优化前进方向，并有了非常多的成果和方法。可以把梯度下降算法看作一个模板，它又孵化出很多变体，这些变体无外乎是对这 3 个要素的全部或者部分做优化而已，整体轮廓是不变的。

在整个算法框架中，数学的部分就是寻找最好方向。所谓最好方向也就是函数值变化最快的方向，可以证明的是这个方向其实就是梯度方向。因为梯度方向是指函数值变大的方向，函数值变小的方向就可以叫负梯度方向，是梯度方向的反方向。

特别说明

　　使用梯度等价于函数的一阶泰勒展开。

　　以均方差损失函数为例，函数的式子如下：

$$J(\theta) = \frac{1}{2n} \sum_{i=1}^{n} [h_\theta(x^{(i)}) - y^{(i)}]^2$$

　　把这个函数对 θ 求一阶导，按照链式法展开会得到：

$$\frac{\partial J(\theta)}{\partial \theta} = \frac{1}{n} \sum_{i=1}^{n} [h_\theta(x^{(i)}) - y^{(i)}] \frac{\partial h_\theta(x^{(i)})}{\partial \theta}$$

　　而 $h_\theta(x)$ 是个线性函数，具体如下：

$$h_\theta(x) = \boldsymbol{\theta}^{\mathrm{T}} \boldsymbol{x} = \sum_{j=1}^{m} x_j \boldsymbol{\theta}_j$$

　　于是可以得到最终的梯度方向，如下所示：

$$\frac{\partial J(\boldsymbol{\theta})}{\partial \boldsymbol{\theta}^{(i)}} = \frac{1}{n} \sum_{i=1}^{n} [h_\theta(x^{(i)}) - y^{(i)}] x^{(i)}$$

　　这个公式就是伪代码最后一步公式中的 gradient。

梯度下降算法的第二个要素是迭代步长，也就是每一步的步幅大小，如果步子太大，就可能越过极小值点，导致不断振荡，如图 19-6 所示。如果步子太小，又会半天走不出一步，所以步长太大、太小都不好。

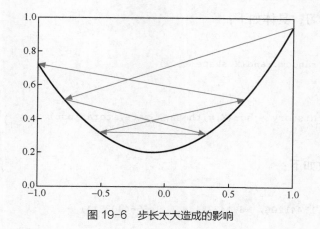

图 19-6　步长太大造成的影响

　　迭代步长也是梯度下降算法的优化点，比如有人提出自适应步长的算法。不过工程上一般都是采用固定的步长，或者通过网格搜索的方式寻找一个最佳的步长。

19.3　代码实战：随机梯度下降算法

　　这次把之前梯度下降的代码做些修改，修改后的代码具体如下：

随机梯度下降

```
1. def sgd(X,y,theta, l_rate,iterations):
2.     cost_history =[0] * iterations
3.     for epoch in range(iterations):
4.         for i,row in enumerate(X):
5.             yhat = np.dot(row,theta)
6.             loss = yhat[0] - y[i]
7.             theta = theta - l_rate  * loss * row.reshape((-1,1))
8.             cost_history[epoch] += loss ** 2
9.     return theta,cost_history
```

只做一轮学习，具体如下：

```
10. theta = np.random.rand(X.shape[1],1)
11. iterations = 1
12. l_rate =0.1
13. theta,cost_history = sgd(X,y,theta,l_rate,iterations)
14. theta.T
```

得到的系数如下：

```
15. array([[36.11441206,  6.14275174,  9.65644032]])
```

画出的拟合曲线图如图 19-7 所示。

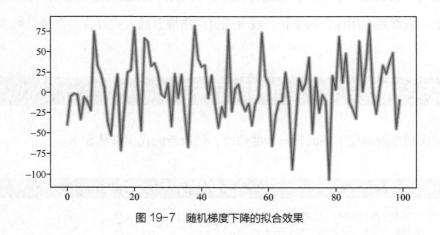

图 19-7   随机梯度下降的拟合效果

19.4   专家解读：随机梯度下降算法

之前的梯度下降在每一轮计算梯度时是利用整个样本集计算的。如果数据量太大，计算代价会比较高，而且一轮迭代参数只被修正一次，需要多轮迭代才能把参数修改准确，所以梯度下降的计算代价比较大。

随机梯度下降不是用整个样本集计算梯度的,而是遇到一个样本就计算一次梯度,然后立即对参数修正。它把计算梯度的数据粒度从整个样本集降到一个样本。参数修正的次数比梯度下降的修正次数多得多。

这两种算法哪种好呢?通常来说,因为梯度下降用的是准确的梯度,所以它是直接冲向了最优解,而随机梯度下降用的不是准确的梯度,所以是"摇摇晃晃、左右摇摆"地奔向最优解。图 19-8 所示的就是两种算法的示意图。

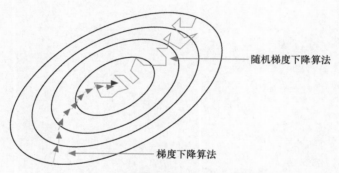

图 19-8　两种算法的学习过程示意图

另外从步长的角度考虑,因为梯度下降是理直气壮地走,所以步子可以迈得大一些,而随机梯度下降使用的是近似的梯度,就得小心翼翼地走,一不小心误入歧途就南辕北辙了,所以步子要迈得小一些。

另外,介于两者之间还有一种批量梯度下降算法,它是两者的一个折中。每轮抽取一部分样本进行更新,但本质上都是一样的,这里就不赘述了。

19.5　小结

在机器学习中,人们会把业务问题转化成数学问题进行求解,但通常现实中的数学问题是无法求解的，于是就退而求其次地想找最优解。寻找最优解其实有很多方法，比如利用仿生学的遗传算法、蚁群算法。本章主要介绍了工业上应用广泛的梯度下降方法，它的思想和实现都非常简单，并且效果很好，对于读者唯一的挑战也就是掌握数学上的梯度了。

第 **20** 章

逻辑回归

分类是机器学习中的重要问题，比如给出邮件中用到的单词，可以把邮件分成垃圾邮件或者正常邮件；给出一个人的信用记录和其他财务数据，可以把客户分成可信用户或者不可信用户；给出商品信息和用户的消费行为，可以判断用户是否喜欢某种商品，所有这些都属于分类问题。虽然现实应用中的分类问题可能会超过两个类别，但通常从二分类问题入手更简单。

朴素贝叶斯模型是机器学习中非常重要的分类模型，虽然看上去很简单，但它功能强大。然而在解决问题时，我们不应该局限于一种模型，还要尝试更多的模型，看看对于特定的数据集哪一种模型的效果最好。

我们可以通过下面这个小例子，重新理解分类问题。

构造分类问题的测试数据

```
1. np.random.seed(3)
2. num_pos = 500
3. # 构造数据
4. subset1 = np.random.multivariate_normal([0, 0], [[1, 0.6],[0.6, 1]],
   num_pos)
5. subset2 = np.random.multivariate_normal([0.5, 4], [[1, 0.6],[0.6, 1]],
   num_pos)
6. X = np.vstack((subset1, subset2))
7. y = np.hstack((np.zeros(num_pos), np.ones(num_pos)))
```

```
8. plt.scatter(X[:, 0], X[:, 1], c=y)
9. plt.show()
```

代码解读：

- 第 4、5 行表示代码构造两份数据，这两份数据在分布上有明显区别；

- 第 6 行表示代码把两份数据合并成一个数据集；

- 第 7 行表示代码为两份数据设置不同的标签；

- 第 8、9 行表示代码把两类数据用不同颜色绘制出来。

上面的代码画出来的散点图如图 20-1 所示。

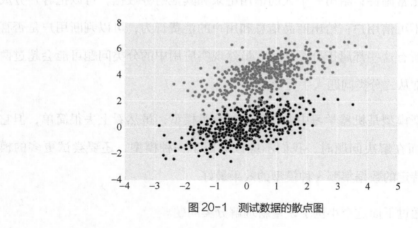

图 20-1　测试数据的散点图

这个例子展示的是有两个特征的二分类问题，我们想找一条线把两种颜色的点分开。如图 20-2 所示，这条线的分类效果还不错，尽管还有个别的数据没有被完美分开。但现实世界中的数据只会更加混乱，所以有些时候不能苛求完美，达到目的即可。

在图 20-2 中，我们用一条直线区分两个类别，位于直线上方的点都是深灰色类别，位于直线下方的点都归为黑色类别。但有时一条线可能不够用，会需要多条线。

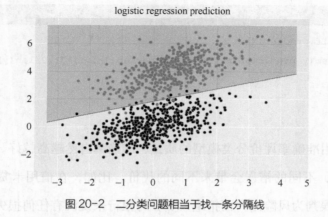

图 20-2 二分类问题相当于找一条分隔线

当用一条直线分出两个类别时，就变成了线性分类问题。当需要曲线或更多线时，就变成了非线性的分类问题。

本章将介绍简单但是功能强大、应用广泛的逻辑回归模型，它属于线性分类模型。它是在空间中寻找一个分界面（线、平面或者超平面）对数据做二分类。先来看看具体效果。

20.1 代码实战：逻辑回归

先用 scikit-learn 中的逻辑回归方法训练模型。

用 scikit-learn 中的方法建模

```
1. from sklearn import linear_model
2. clf = linear_model.LogisticRegression()
3. clf.fit(X, y)
```

模型建好后，就可以做预测了。可以直接用训练数据做预测，然后看看准确率。

模型的准确率

```
4.  y_pred = clf.predict(X)
5.  print np.sum(y_pred.reshape(-1,1)==y.reshape(-1,1))*1.0/len(y)
6.
7.  #准确率
8.  0.99
```

尽管可以用准确率评价分类模型的质量，准确率自然越高越好。但是，根据问题场景的不同，不同的错误会带来不同的代价。比如，在信用卡贷款时，如果把一个优质用户误判为风险用户而拒绝放贷，对银行来说没有任何损失，反正用户有的是，银行的钱不用担心贷不出去。但如果反过来把风险用户误判为优质用户而放贷，就会损失惨重，所以应该更细化地看两个类别上的准确率，便于为后续的优化提供借鉴依据。这时可以通过诸如混淆矩阵之类的指标进一步细化。获得混淆矩阵的代码如下：

分类问题的混淆矩阵

```
9.  from sklearn.metrics import confusion_matrix
10. print confusion_matrix(y,y_pred)
11. #输出两个类别的判断效果
12. [[495    5]
13.  [   5  495]]
```

对于这个例子来说，还不需要考虑这种细分效果，当前要关注逻辑回归的原理。

20.2　专家解读：逻辑回归的原理

逻辑回归是一个线性模型，但不同于之前的线性回归模型。线性回归中目标变量 y 是从负无穷到正无穷的任意实数，但在解决分类问题时，目标变量是一个概率，也就是介于 0 和 1 之间的纯小数。

所以，逻辑回归在线性回归的基础上又引入了一个链接函数，这个函数把线性回归得到的任意实数映射成 0 和 1 之间的纯小数。这个链接函数就是 sigmoid 函数，函数曲线如图 20-3 所示，函数值域在 0 和 1 之间。

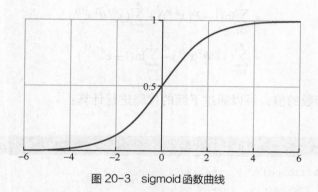

图 20-3　sigmoid 函数曲线

逻辑回归的目标函数如下：

$$P(x) = \frac{1}{1 + e^{-z}}$$

其中的 z 就是之前学过的线性回归方程：

$$z = \boldsymbol{\theta}^{\mathrm{T}} x$$

可以根据定义写出如下代码：

sigmoid 函数

```
1. def sigmoid(z):
2.     return 1 / (1 + np.exp(-z))
```

然后定义一个新的损失函数——LogLoss：

$$L(\boldsymbol{\theta}) = \sum_{i=1}^{n} [y^{(i)} \ln P(\boldsymbol{x}^{(i)}) + (1 - y^{(i)}) \ln(1 - P(\boldsymbol{x}^{(i)}))]$$

对这个式子做进一步整理，可以得到下面的结果：

$$L(\theta) = \sum_{i=1}^{n}\ln(1 - P(\boldsymbol{x}^{(i)})) + \sum_{i=1}^{n}\left[y^{(i)}\ln\frac{P(\boldsymbol{x}^{(i)})}{1 - P(\boldsymbol{x}^{(i)})}\right]$$

$$= \sum_{i=1}^{n}\ln(1 - P(\boldsymbol{x}^{(i)})) + \sum_{i=1}^{n}(y^{(i)}\boldsymbol{\theta}^{\mathrm{T}}\boldsymbol{x}^{(i)})$$

$$= \sum_{i=1}^{n}(y^{(i)}\boldsymbol{\theta}^{\mathrm{T}}\boldsymbol{x}^{(i)}) - \sum_{i=1}^{n}\ln(1 + e^{\boldsymbol{\theta}^{\mathrm{T}}\boldsymbol{x}^{(i)}})$$

这个损失函数的值，可以通过下面的代码进行计算：

损失函数的值

```
1. def log_likelihood(X, y, theta):
2.     scores = np.dot(X, theta)
3.     ll = np.sum(  y * scores - np.log(1 + np.exp(scores)) )
4.     return ll
```

这个损失函数的梯度等于：

$$\frac{\partial L(\boldsymbol{\theta})}{\partial \boldsymbol{\theta}} = \sum_{i=1}^{n}\left[y^{(i)} - P(\boldsymbol{x}^{(i)})\right]\boldsymbol{x}^{(i)}$$

转化为代码：

计算损失函数的梯度

```
1. x_theta = np.dot(X, theta)
2. y_hat = 1 / (1 + np.exp(-x_theta))
3. error = y  - y_hat
4. gradient = np.dot(X.T, error)
```

一旦有了这些素材后，就可以套用梯度下降，完成逻辑回归的学习过程了。

20.3 代码实战：逻辑回归梯度下降算法

把前面的素材放在一起，看看最终的逻辑回归的训练代码。

逻辑回归梯度下降

```
1.  def logistic_regression(X,y,l_rate,iterations,
2.                  add_intercept = True):
3.
4.      if add_intercept:
5.          intercept = np.ones((X.shape[0], 1))
6.          X = np.hstack((intercept, X))
7.
8.
9.      theta = np.zeros(X.shape[1]).reshape(-1,1)
10.     y=y.reshape(-1,1)
11.     accu_history = [0] * iterations
12.     ll_history = [0.0] * iterations
13.     for epoch in range(iterations):
14.         x_theta = np.dot(X, theta)
15.         y_hat = sigmoid(x_theta)
16.         error = y - y_hat
17.         gradient = np.dot(X.T, error)
18.         theta = theta + l_rate*gradient
19.         preds = np.round( y_hat )
20.
21.         accu = np.sum(preds==y)*1.0/len(y)
22.         accu_history[epoch]=accu
23.
24.         if( epoch % 5 == 0):
25.             print("After iter {}; accuracy: {}".format(epoch +1,  accu))
26.     return theta,accu_history
```

把这份代码用在之前的数据集上，并和 scikit-learn 的效果做对比。

```
27.theta,accu = logistic_regression(X,y,1,2000)
```

可以发现，我们自行实现的逻辑回归也很快就达到 scikit-learn 的效果了。

```
After iter 1; accuracy: 0.5
After iter 6; accuracy: 0.985
After iter 11; accuracy: 0.99
After iter 16; accuracy: 0.989
After iter 21; accuracy: 0.989
After iter 26; accuracy: 0.989
```

逻辑回归是非常重要的二分类算法，有着广泛的用途。从数学角度来看，逻辑回归是对线性回归的推广，二者可以归类为广义线性回归。

留给读者一个思考问题，在之前的线性回归问题中，我们定义了一个损失函数，为什么在二分类问题中不沿用之前的损失函数，而要重新定义一个新的损失函数？这么做有什么意义吗？

这些问题将在第 21 章解答。

凸优化

前面介绍了优化问题和配套的梯度下降算法。那什么是凸优化问题呢？

先介绍两个概念：局部最优和全局最优。

就像之前提到的下山例子，本来是想走到山底，但最后到达的位置是真的山底，还是一个局部的山坳呢？

如图 21-1 所示，如果这是一个函数的图像，那么左边这个山坳的最低点仅仅是局部的最小值点，只有右边山坳的最低点才是全局的最小值点，也就是所谓的局部最小值和全局最小值。

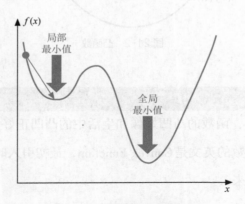

图 21-1　局部最优和全局最优

我们自然是希望找到右边的这个全局最小值。但是如果用梯度下降方法，那么初始值的选择就很关键。如果初始值选择得不好，比如选的是图上左侧的这个点，那么沿着梯度下降最终只能到达左侧的最小值，没有办法逃离这个局部最小值点，这就是所谓的局部最优解。当然，梯度下降算法针对如何逃离局部最优有很多改进的版本，但这不是本章的重点。

那么怎么才能保证找到的最优解就是全局最优解呢？或者说怎么样才能保证局部最优和全局最优重合呢？这就是凸优化要试图回答的问题。

先看一个结论：如果一个函数是凸函数，那么它的局部最小值就是全局最小值。

凸函数的形状是呈碗状的，如图 21-2 所示。这里展示的只是二维示意图，高维与二维类似。

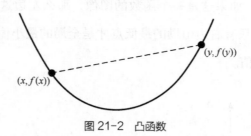

图 21-2　凸函数

为什么凸凹是反的

读者可能注意到，函数的凸凹好像和生活中的凸凹正好是相反的。这其实是历史遗留问题。凸函数的英文是Convex Function，最初引入时就被翻译成凸函数，然后一直这么继承下来。

如果读者对接下来的抽象数学没兴趣的话，基本上到这里就可以不用再看了，因为如果一个损失函数是凸函数，那么直接用梯度下降算法肯定没问题，然后计算结果即可。这时找到的一定是全局最优解。

读者只需要关心所选择的损失函数是不是凸函数就可以了。

21.1 凸优化扫盲

数学上对凸函数是这样定义的。函数 f 的定义域为凸集,且满足:

$$f(\theta x + (1-\theta)y) \leqslant \theta f(x) + (1-\theta)f(y), (0 \leqslant \theta \leqslant 1)$$

这个定义中出现了凸集,凸集的概念是这样的:连接集合 C 内任意两点间的线段均在集合 C 内,则称集合 C 为凸集。凸集的数学定义形式如下:

$$\forall \theta \in [0,1]、\forall x_1, x_2 \in C$$

$$x = \theta x_1 + (1-\theta)x_2 \in C$$

所以凸集和凸函数是两个概念,前者强调的是一个集合,后者是一个函数。常见的凸函数有:

- 指数函数 e^{ax};

- 幂函数 x^a, $a \geqslant 1$ 或 $a \leqslant 0$;

- 负对数函数 $-\log_a x$;

- 负熵函数 $x\log_a x$;

- 范数函数 $\|x\|_p, p \geqslant 1$。

另外,凸函数之间的某些运算具有保凸性质:比如凸函数的非负加权和还是凸函数，即如果函数 $f_1, f_2, \cdots, f_m$ 都是凸函数， $w_1, w_2, \cdots, w_m \geqslant 0$ ，则 $\sum w_i f_i$ 还是凸函数。

机器学习之所以喜欢凸函数，就是因为凸函数的局部最优解即为全局最优解。

21.2　正则化和凸优化

在回归问题中，我们定义的损失函数是均方误差损失函数：

$$J(\theta) = \|y - X\theta\|_2^2$$

从函数的凸凹性来说，均方误差损失函数是凸函数，感兴趣的读者可以自己证明。所以采用梯度下降算法找到的局部最优解一定是全局最优解。

为了避免过拟合，又引入了 L1、L2 两种正则项，L2 正则项为 $\|\theta\|_2^2$，加入后的损失函数如下：

$$J(\theta) = \|y - X\theta\|_2^2 + \lambda \|\theta\|_2^2$$

引入正则项后的损失函数还是凸函数吗？答案是肯定的，可以用前面提到的保凸性质证明。所以，尽管对损失函数加上了正则项，但是函数的凸凹性并没有被破坏，找到的局部最优解仍然还是全局最优解。

在逻辑回归中，并没有使用均方误差作为损失函数，而是使用 Log Loss 作为损失函数，其原因也是因为前者不是凸函数，而后者是凸函数，对这一点感兴趣的读者可以自己证明。

21.3 小结

凸优化本身是一个难度很大的主题,本章仅仅介绍了优化和凸优化的基本概念。其实我们的目标只有一个,就是希望千辛万苦找到的解是全局的最优解。但要保证这一点,就要求损失函数是凸函数,于是就要知道什么是凸函数,以及常见的算法中是不是用了凸函数。有了这些知识后,才能放心地建模。

附录 A　工作环境搭建说明

本书采用 Python 编程语言对书中案例进行编码实现。

近几年来，Python 编程语言炙手可热，国内已有很多地区将 Python 纳入中小学课程。现在，随着计算机软硬件的发展，人工智能在沉寂多年之后再次进入活跃期，Python 也凭借其特性成为人工智能领域的首选编程语言。

好吧，不给 Python 打广告了，接下来严肃地介绍一下在人工智能领域为何选择 Python 作为编程语言。

A.1　什么是Python

1989 年圣诞节期间，阿姆斯特丹的 Guido van Rossum 为了打发圣诞节的无聊时间，开发了一个新的脚本解释程序，于是就有了 Python。之所以选 Python（大蟒蛇）作为该语言的名字，是因为他是一个名为 Monty Python 的喜剧团体的"死忠粉"。

所以，Python 其实是一门非常古老的语言，它的出生时间要比 Java 还早一年，算起来也算是步入中年了。可为什么 Python 在之前一直默默无闻，这几年却突然"老树开花"了呢？

其实，并不是 Python 语言本身有多大的改进，而是数据时代到来了。回想在大数据刚兴起时，很多人对此都一头雾水，更别提与之相关的云计算等技术了。没想到短短几年时间，这些技术已经成为常规技术。预计在不远的将来，数据处理能力将成为每一位职场人员的基本技能，就像会操作电脑、懂英文、能驾驶汽车那样——谁让我们出生在数据时代呢！

Python 语言之所以是数据科学的标配工具，可以从两点进行解释。首先来看图 A-1。该图在一定程度上解释了 Python 是数据科学领域首选编程语言的原因。

图A-1　Python生态圈

在 Python 生态圈中，针对数据处理有一套完整且行之有效的工具包，比如 NumPy、Pandas、scikit-learn、Matplotlib、TensorFlow、Keras 等。从数据采集到数据清洗、数据展现，再到机器学习，Python 生态圈都有非常完美的解决方案。

套用现在热门的说法，Python 的数据处理功能已经形成了一个完整的生态系统，这是其他编程语言（比如 Java、C++）望尘莫及的，所以 Python 已经成为数据科学领域事实上的标配工具。

再者，Python 语法极其简洁，相较于 Java、C 等编程语言，已经非常接近于人类语言。通过图 A-2 中两个代码片段的对比，大家可以对此有直观认识。

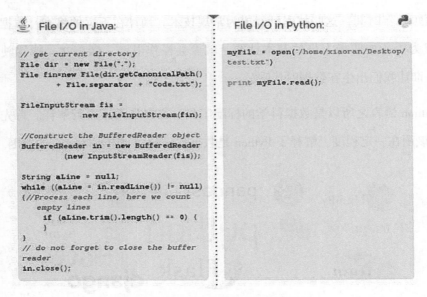

图A-2   Java代码与Python代码的对比

这两个代码片段做的事情相同：

- 打开磁盘上的一个文件；

- 读出其中的内容；

- 打印到屏幕上。

显而易见，Python 代码要更加清晰、明确。

需要说明的是，这个比较并不是说 Python 要比 Java 好，否则也无法解释 Java 多年来一直处于编程语言排行榜的首位，而 Python 只是在最近几年才开始"风头大盛"。编程语言之间没有比较的意义，只能说每种语言都有其特定的适用领域。

比如，Java 是企业级应用开发的首选编程语言，PHP 则是前几年网站开发的首选，最近因为推崇全栈式概念，导致越来越多的人转投 Node.js 阵营。虽然 Python 近乎无所不能，但是无论是企业级应用开发还是网站开发，均不是 Python 的强项。比如就网站开发来说，这么多年以来貌似只有"豆瓣"是采用 Python 开发的。

给初学者的建议

　　建议初学者先想清职业发展方向，然后再选择要学习的编程工具。如果打算以后从事网站开发，Node.js 是一个很好的选择；如果打算从事数据分析、机器学习相关的职业，Python 无疑是绝佳选择。

A.2　本书所需的工作环境

　　从一定程度上来说，编程是一个体力工作。要想学好 Python，必须通过高强度的编码实践来强化"肌肉记忆"。工欲善其事，必先利其器。为了提升学习效率，良好的学习环境是必不可少的。这里至少需要安装两个软件：Anaconda 和 PyCharm。

　　Anaconda 是一个比较流行的 Python 解释器，并且还是免费的。初学人员在学习 Python 时，建议不要选择 Python 官方提供的解释器，因为这需要自行手动安装许多第三方扩展包，这对于初学人员来说是一个不小的挑战，甚至会耗尽你的学习热情从而放弃。

　　读者可以去 Anaconda 官网下载最新的 Anaconda 安装包。

A.2.1　Anaconda 版本选择

　　众所周知，当前存在 Python 2 和 Python 3 两个版本，这两个版本并不完全兼容，两者在语法上存在明显的差异。下面列出了 Python 2 和 Python 3 的差别：

- 支持 Python 2 的工具包多于 Python 3；
- 目前很多 Python 入门教程采用的都是 Python 2；
- TensorFlow 在 Windows 平台上只支持 Python 3.5 以上的版本。

因此，Anaconda 在 Python 2 和 Python 3 的基础之上也推出了两个发行版本，即 Anaconda 2 和 Anaconda 3。建议大家同时安装 Anaconda 2 和 Anaconda 3，以便从容应对各种情况。

A.2.2 多版本共存的 Anaconda 安装方式

如果要在计算机上同时安装 Anaconda 2 和 Anaconda 3，并希望能在两者之间自由切换，通行的做法是以其中一个版本为主，另外一个版本为辅，后期即可根据需要在两个版本之间自由切换。作者习惯将 Anaconda 2 作为主版本，将 Anaconda 3 作为辅版本，所以下面的演示也以这种顺序为基础。如果大家想把 Anaconda 3 作为主版本，只需将下面两个安装过程换个顺序即可。

A.2.3 安装 Anaconda 主版本（Anaconda 2）

Anaconda 主版本的安装很简单，就像安装普通的 Windows 软件那样，一路单击 "Next" 按钮即可。这里只介绍几个重要的安装节点。

在安装 Anaconda 2 时，首先要设置好安装路径。在图 A-3 中，Anaconda 2 安装在 D 盘的 Anaconda 目录下。

> **提示**
>
> Anaconda 3 辅版本也会安装在这个目录下。

选中图 A-4 中的两个选项，它们各自的作用如下：

- 第一个选项是将 Anaconda 的安装目录添加到系统的 PATH 环境变量中，以便后续在命令行窗口中可以直接用 Python 命令进入 Python 的交互式环境；

- 第二个选项是让 IDE 工具（比如我使用的 PyCharm）能够检测到 Anaconda

主版本，并将其作为默认的 Python 2.7 解释器。

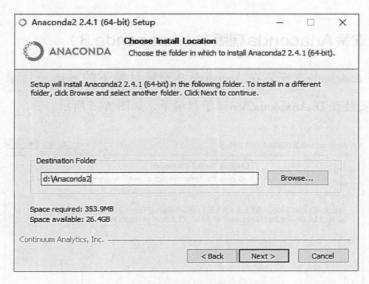

图A-3　设置Anaconda主版本的安装路径

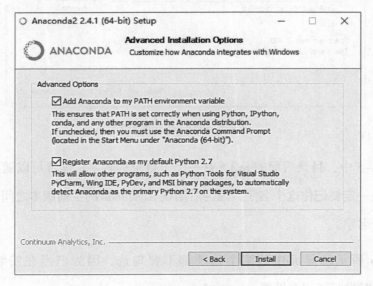

图A-4　两个选项都要勾选

在安装完 Anaconda 主版本之后，接下来要安装辅版本。本书将 Anaconda 3 作为辅版本，同样只关注几个重要的安装节点。

A.2.4　安装 Anaconda 辅版本（Anaconda 3）

必须将 Anaconda 3 安装在 Anaconda 2 安装目录下的 envs 子目录下。下面将 Anaconda 3 安装在 D:\Anaconda2\envs 子目录下，如图 A–5 所示。

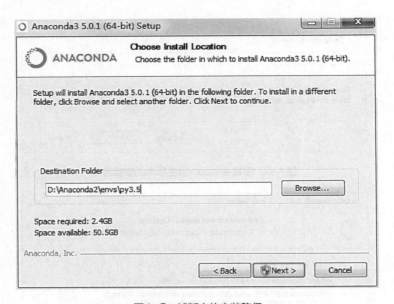

图A-5　辅版本的安装路径

在图 A–5 中，目录后面的 py3.5 是一个子目录的名字。读者可以随意命名该子目录，但是一定要记住这个名字，因为后期在 Anaconda 的主辅版本之间进行切换时会用到这个名字。

图 A–6 所示的界面中的两个选项都不要勾选，因为已经在安装主版本的 Anaconda 2 时进行了相应设置。

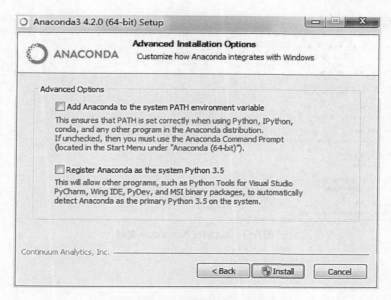

图A-6 辅版本的两个选项不要勾选

A.2.5 开发工具的选择

在安装好 Anaconda 之后，就可以编写代码了。当前有两种常见的代码编辑工具：Jupyter Notebook 和 IDE。

Jupyter Notebook 是一种常见的代码编辑工具，类似于在 Web 页面上编写代码，如图 A-7 所示。这种代码编辑工具的优势是，可以像记笔记那样编写代码，非常便于编程人员之间的交流。但是，这种代码编辑工具并不是工业界的首选。

在企业开发中，IDE 更为常见、通用，因为此时我们要做的并不是代码演示，而是需要做一些真实的工作：代码开发、模块编写、单元测试、集成测试以及版本控制等。这样一来，Jupyter Notebook 这样的工具就无法胜任了。

推荐大家选择 PyCharm 或者微软的 VS Code 作为自己的 IDE 工具。有关 Python IDE 工具的更多信息，感兴趣的读者可自行查询相关资料。

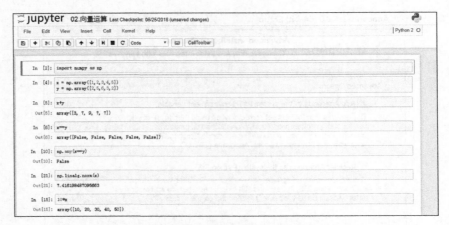

图A-7   Jupyter Notebook实例

结语

恭喜大家坚持学完了本书。

所有知识点都掌握了吗？（太过基础的知识需要读者自己默默啃课本哦！）

很多时候理论学习总是枯燥，然而我们却无法忽略它。这时，想象自己独自行走在荒无人烟的塔克拉玛干大沙漠，有千年胡杨做伴，也不觉孤独。